普通高等教育"十一五"国家级规划教材

制冷与低温测试技术

甘智华　张小斌　王　博　编著

ZHEJIANG UNIVERSITY PRESS
浙江大学出版社

图书在版编目（CIP）数据

制冷与低温测试技术 / 甘智华等编著. —杭州：浙江大学
出版社，2011.6
ISBN 978-7-308-08713-1

Ⅰ. ①制… Ⅱ. ①甘… Ⅲ. ①制冷技术－低温测量方法
Ⅳ. ①TB663

中国版本图书馆 CIP 数据核字（2011）第 092216 号

制冷与低温测试技术

甘智华　张小斌　王　博 编著

责任编辑	杜希武
封面设计	刘依群
出版发行	浙江大学出版社
	（杭州市天目山路 148 号　邮政编码 310007）
	（网址：http://www.zjupress.com）
排　　版	杭州好友排版工作室
印　　刷	德清县第二印刷厂
开　　本	787mm×1092mm　1/16
印　　张	11.25
字　　数	273 千
版印次	2011 年 6 月第 1 版　2011 年 6 月第 1 次印刷
书　　号	ISBN 978-7-308-08713-1
定　　价	29.00 元

前　言

在制冷技术、低温工程、低温物理、超导研究、气体液化和分离技术中,都有许多装置和设备组成一个完整的系统,各个系统都要及时地提供装置(或设备)在运行中有关的各种参数信息,以反映装置或实验的运行情况,并为装置运行的自动化和计算机控制提供确切依据。因此,测量是保证实验正确与否、装置正常运行、安全运行、经济运行和实现测量自动化的必要条件,每个从事制冷与低温工程设计、研究及教育的人员必须熟悉和掌握有关制冷与低温测量的原理和基本技能,为今后的科研、教育、设计和生产奠定基础。

制冷和低温需要测量制冷和低温流体(气体和液体)的各种物性数据,它是热力学理论、科学实验和工业生产的依据。在流体物性数据测量中,有些测量可以直接得到:如温度 T、压力 P、液体深度(液位)、流量等等,大部分流体性质要通过测量基本参量再进行函数关联后才能得到,而且这种参数很多。制冷和低温测量的基本参数大致与热工测量参数一样,但在热工测量中均以室温以上的测量原理、方法、以及配套的检测仪表为主;而室温以下的测量,特别是低温测量介绍不多,由于在摄氏零度以下的制冷和低温测量中,最普通的流体——水要结冰,空气要结霜,检测仪表的环境变坏,一般热工测量已不适应。

根据本专业特点,本书较详细地介绍制冷和低温流体有关参量的测量原理、方法和相对应的仪表,并尽可能把特殊的制冷和低温测量转化为一般的热工测量,此外,本书也介绍了一般流体的热工测量方法。

低温流体的一般特性如表 0-1 所示,表中示出了低温流体的摩尔质量、三相点、正常沸点、临界点的温度和压力、密度、气化潜热等重要特性参数。

除低沸点明显特征外,还有:

蒸发潜热小:低温流体特征之一是具有低的蒸发潜热。由于所有流体正常蒸发焓不变,预示蒸发潜热随着正常沸点的降低成正比地减小。对于氧、氟、氮的情况确实是如此,而氢的蒸发潜热要比预测值小得多,氢只有预测蒸发潜热的一半,氦的蒸发潜热更小。

二相流体:由于低沸点,再加上低的蒸发潜热,使得低温液体极易沸腾成二相流体,这样必定影响液体的输送,给密度和液面测量增加了难度。因此任何测量敏感元件引入的很小一点漏热、元件本身产生的自热以及流体流动产生的摩擦力等都能使低温液体蒸发气化形成二相流体。

热膨胀性大:液氢和正常流体相比具有较大的热膨胀系数,氢的蒸气压曲线也较陡峭,对液氢贮槽从一个大气压加压到二个大气压时,则液氢的温度上升到 23K 以上(正常沸点,一个大气压下为 20.39K),液面升高约 5%,也即,一个封闭的质量不变的液氢贮槽,当加压时液面反而会上升。

相对密度小:低温蒸气的密度与常规气体相比是较大的,另方面低温液体与相同常规气体的液体相比是较轻的,因此低温流体的液体/蒸气密度比非常的小,对于某些流体在正常

表 0-1　常用低温流体性质

kg/kmol	单位	甲烷 CH_4	氧 O_2	氩 Ar	空气 Air	氮 N_2	氖 Ne	氢 H_2	氦-4 ^4He	氦-3 ^3He	氪 Kr	氙 Xe	水 H_2O
摩尔质量 M	Kmol	16.04	32.00	39.944	28.968	28.016	20.283	2.016	4.003	3.016	83.80	131.30	18.0
正常沸点 T_b	K	111.7	90.188	87.29	78.9/81.7	77.36	27.108	20.28(e)	4.224	3.191	119.8	165.05	378.15
临界温度 T_{cr}	K	191.06	154.78	150.72	132.22	126.28	44.45	32.9(e)	5.204	3.324	209.4	289.75	647.3
临界压力 P_{cr}	10^3kPa	4.64	5.107	4.864	3.769	3.398	2.721	1.287	0.2275	0.1165	5.51	5.88	22.12
三相点温度 T_{tr}	K	90.66	54.107	83.81	—	63.15	24.56	13.81	—	—	115.76	161.37	273.15
三相点压力 P_{tr}	kPa	11.6676	0.152	68.92	—	12.5257	43.3075	7.0406	—	—	81.6	0.61	—
饱和蒸气密度 ρ_v	kg/m³	1.8	4.8	5.7	4.48	4.61	4.8	1.34	15.5	22	8.95	—	0.5976
饱和液体密度 ρ_L	kg/m³	424.5	1142	1400	879	808	1204	70.8	125	143	2900	3540	958
在0℃,1大气压下密度 ρ_0	kg/m³	0.7167	1.4289	1.758	1.2928	1.2506	0.9004	0.0899	0.1785	0.1345	3.745	5.85	0.00485(V) 998(L)
气化 LV	kJ/kg	509.54	212.76	163.02	205.5	199	85.7	447	20.8	8.5	107.5	96.2	2257
0℃,1大气压气体	m³/m³	592.30	799.2	796.4	675.3	646.1	1337.2	787.5	1063.2	774.4	605.1		
等质量液体的体积比相对密度 (ρ_L/ρ_v)		235.7	225	241	194.8	175	126	52.8	7.4	6.5	270	297	1603

沸点时液/气密度比，H_2O：1603/1；O_2：250/1；H_2：50/1；He：8/1。因此同个"放空"的液氢火箭燃料贮箱依旧有可观的氢质量（约为原来质量的 20%）。一个如电容型的总质量敏感元件，当储箱放空时仪表的指示值趋向 0%，此时会产生较大的误差，这个误差可达指示值的百分之几。

易热分层：由于低温流体导热性能差，在静止情况下，贮槽顶部的液体温度较高，密度较小，浮在较冷液体的上部产生热分层。要避免它就得减压或增加贮槽的壁厚，同时，这个系统也会产生各向异性或多相性。它必定影响均相测量仪表的精确度。

在种类繁多的低温流体中，有些易燃易爆，有些有毒，有些气体贵重需要回收，故一般都不能直接暴露在空气之中，更有些低温流体在低温下，其性质与一般正常流体有较大差异，甚至会产生超流、超导、无粘度等现象，使低温测量具有特殊的要求和检测方法，所采用的敏感元件本身要有小的热容量，小的工作电流和低的漏热量，还应考虑各种元件及材料在低温下的性能，有些材料在低温下发脆，产生应变和应力，有些材料则根本不能在低温下使用。

为此，我们根据专业的需要，结合"十一五"教材规划的契机，在原有讲义（历经郑建耀副教授、冯仰浦教授、刘楚芸教授等）试行二十多年的基础上，编写了这一适用于制冷与低温专业方向的测试技术教材，就在本书即将付梓之际，作为后学之辈的我们，深切地感受到前辈们为此付出的辛劳，我们唯有不断前行，以更踏实的工作作风来迎接更大的挑战。

科学技术在进步，新技术、新成果不断涌现，而我们的水平有限，因此，在内容选择和安排上，会有不妥之处，敬请读者批评指正。

编　者

2011 年 3 月

目　　录

第一章　测量误差分析

第一节　测量基本概念

用来测量各种热工参数(如温度、压力、流量、液位等)的各种仪表统称为热工测量仪表,制冷与低温测量实质是热工测量的一部分。它的种类繁多,其原理和结构虽然各不相同,但一般来说测量仪表均包含传感器、传输器和显示器三个基本部分。

一、测量仪表的组成

1. 传感器

传感器又称感受件,是仪表与被测对象直接发生联系的部分,因此也常称敏感元件或一次元件,例如热电偶和热电阻就是测温传感器。传感器能感受被测参量的大小,并输出一个相应的信号,对传感器的要求是:

(1)输出的信号必须迅速地随被测量参量的变化而变化;

(2)输出的信号只受被测参量的影响,如果其他参量变化会影响传感器的输出,那么,测量过程中,这些参量变化就是测量误差的来源,应对这些参量采取补偿或修正等措施;

(3)输出信号与被测参量之间必须是单值关系,最好是线性关系;

(4)在测量中,敏感元件应不干扰或尽量少干扰被测介质的状态。

2. 传输器

传输器的作用是将传感器的输出信号传输给显示器,又称中间件。信号在传输过程中有时还要进行如下的加工处理:

(1)为了满足远距离输送以驱动显示器的需要,将信号加以放大;

(2)若输出信号与被测量之间不是线性关系,最好进行线性化处理;

(3)传感器的输出信号形式不适合于显示时,通过传输器转变成适合显示的形式。

例如,弹簧管压力计中压力对弹簧管(传感器)输出的是位移信号,通过由拉杆、扇形齿轮、中心齿轮等组成的传输器传输并转换为显示器—指针的转角信号时,就经历了信号放大、转换等过程。

此外,信号在传输中传递,应使信号损失最小,从而减小误差。

3. 显示器

所有测量的最终结果是通过显示器向使用者反映被测参量的数值和变化,根据测量要求和目的不同,显示可以是瞬时量、累计量、超限(上、下限)或极限指示(报警)、还可以记录相应的量,有时还有调节功能去控制热工过程。显示器常称二次仪表。

显示方式有模拟式、数字式和屏幕式三种：

（1）模拟式显示　通常是以指示器在仪表刻度尺上移动的方式来连续指示被测参量之值。读数的最后一位数字总是由读者估计，因此加入了主观因素，会产生误差。这类仪表只能指示被测参量的瞬时值。当需要知道被测参量随时间而变化的情况时，可用曲线形式记录测量结果，比较直观。

（2）数字式显示　数字显示式仪表是将模拟量通过模数编码器转换成二进码的数字量，然后借助于译码器将二进制数字量翻译成人们所熟悉的十进制数字量，并用数码管直接向测量人员显示被测参量的大小和单位。这种显示克服了模拟显示仪表的读数慢和视差的缺点，它既可显示瞬时量又可显示累计量，并可打印出有关数据。目前这类仪表（如数字电压表、数字温度计、数字频率计）已广泛应用于我国的科学研究和工业生产中。

（3）屏幕式显示　这是电视技术在测量显示上的应用，是目前最先进的显示方式，它既能按模拟量给出曲线，也能显示出数字。或两者同时显示，屏幕显示富于形象又易读数，并在屏幕上显示多种参量，便于参量之间的分析与比较。

在现代化测量技术中，常设立中心控制室，把各种被测参数显示器集中地一起，便于整体调节和控制，有些配有微处理器（即专用微型计算机）的数据采集系统，它能通过各种传感器自动检测试验（生产）系统中各种参量的信号，并将所测量结果汇总输入到微处理器中，然后按一定的数学模型（编成程序）进行数据综合计算处理，从而可立即得出试验结果（数据或曲线）。它具有快速与准确的优点，大大提高实验工作的效率和降低测试人员的劳动强度。

二、仪表的质量指标

当要进行某种实验时，首先应根据实验中被测参量和种类（何种热工基本量）、性质（瞬时量或累计量）和要求（被测量的范围、精度等），选用合适的测量仪器。

仪表的质量指标一般有：

1. 仪表的误差

在介绍仪表性能指标时，常会涉及仪表的各种误差，现对仪表误差作一简单说明：

（1）绝对误差

当使用某一测量仪表对某一参量进行测量时，由于种种原因（如仪表零件的加工质量、组装好坏以及工作环境的变化等），仪表的指示值 M 和被测量参量真值 μ 存在的差值称为绝对误差 δ，即

$$\delta = M - \mu \tag{1-1}$$

（2）相对误差

绝对误差 δ 与被测参量的真值 μ 之比称为相对误差，通常以百分为数表示，即

$$\varepsilon = \frac{\delta}{\mu} \times 100\% = \frac{M-\mu}{\mu} \times 100\% \tag{1-2}$$

相对误差比绝对误更能确切地反映测量的精确程度。

（3）基本误差

在规定正常工作条件（如环境温度、湿度、电源电压、频率等）下，仪表具有的最大误差 δ_{max} 与仪表量程范围 L_m 之比，称为基本误差 ε_b，即

$$\varepsilon_b = \frac{\delta_{max}}{L_m} \times 100\% = \frac{M-\mu}{L_m} \times 100\% \tag{1-3}$$

仪表的基本误差是仪表质量的主要指标之一。

2. 仪表的量程

仪表能测量的最大输入量与最小输入量之间的范围称为仪表的量程或称测量范围,许多仪表测量范围分为若干档,使用时应选择合适的档次,务必注意。

在选用仪表时,首先要大致估计一下被测参量的大小,由大至小的对仪表的量程进行选择,必须使被测参量处在仪表量程之内,最好是使测量值落在仪表量程的三分之二左右。在测量过程中,决不允许测量值超过仪表的量程,否则,将导致仪表损坏或精度降低。反之,若选用量程大的仪表,则会使测量结果达不到所需的精度。

3. 仪表的精确度

仪表的精确度简称仪表的精度,它是表征指示值与被测真值接近程度的质量指标。通常,仪表出厂时保证其基本误差不超过某一规定值,此规定值称为允许误差。仪表的精度等级以其允许误差去掉百分号后的数值表示,并将其注明在表盘上。一般工业仪表的精度等级应符合国家系列:0.005、0.01、0.02、0.04、0.05、0.1、0.2、0.5、1.0、1.5、2.5、4.0 和 5.0。

仪表的等级是衡量仪表测量示值正确度的重要指标。科学研究用的仪表其精度等级约为 $10^{-1} \sim 10^{-3}$,有时甚至更高;工业检测用的仪表其精度等级值为 $10^{-1} \sim 5.0$,应根据测量要求合理地选用不同精度等级的测量仪表,如 0.5 级仪表表示允许误差 $\leqslant 0.5\%$。一个量程为 100℃ 的 0.5 级测温仪表,其基本误差应 $\leqslant 0.5\%$,即最大误差应 $\leqslant 0.5$℃。

在实际使用中,还可能由于环境温度变化,电源电压波动,外部干扰等与规定的正常工作条件不符而引起附加误差,因此,要做到准确测量,除注意上述各点外,还应注意测量点的合理选择及仪表的正确安装和使用。另外,还必须定期的对仪表进行检测和调整,才能保持仪表的精确度。

4. 仪表的灵敏度

灵敏度是衡量仪器仪表质量的另一重要指标,它表示被测参量变化时测量仪表反应的灵敏程度。其定义为被测参量(输入量)变化 ΔN 与其引起的仪表输出量变化 ΔL 之比,即

$$灵敏度\ S = \frac{\Delta L}{\Delta N}$$

换言之,仪表灵敏度就是单位输入信号所引起指针偏转角或位移量(或者是数码显示器中数字量)的变化。

不同类型仪表的灵敏度表示方法是各不相同的。例如,对于压力传感器,输入量压力的单位是 Pa,输出量为 mV,则这种传感器的灵敏度单位为 mV/Pa;对于液柱式压力表,灵敏度为 mm/Pa;对弹簧管式压力表灵敏度,则为 $\Delta r/Pa$。

测量仪表的灵敏度可以用增大放大系统(机械或电子的)的放大倍数的办法来提高。但是必须指出,仪表的性能主要决定于仪表基本误差,如果单纯地加大仪表灵敏度企图达到更准确的读数是不合理的,反而会造成灵敏度高而精度下降,为此规定仪表标尺上的分格值不能小于仪表允许误差的绝对值。

5. 仪表的分辨率

仪表分辨率也是仪器仪表的重要指标之一,它表示仪表对信号输入量微小变化分辨能力。在精度较高的指示型仪表中,刻度标尺的刻度总是又密又细。一般来说,仪表分辨率不大于仪表测量值中基本误差的一半,分辨误差为

$$\varepsilon_L = \frac{1}{2}\varepsilon_b$$

这个误差也称不灵敏区(或死区),被测参量变化某一定值时,输出指示仍然不变。

6. 仪表的线性度

理论上具有线性刻度特性的测量仪表,往往会由各种因素的影响使仪表的实际特性偏离其理论线性特性,这种偏离线性关系的现象如图 1-1 所示。

线性度的好坏以非线性误差来表示,即实际值与理论值之间绝对误差最大值 δ'_{max} 和仪表量程范围 L_m 之比百分数。

非线性误差 $\varepsilon_l = \dfrac{\delta'_{max}}{L_m} \times 100\%$ (1-4)

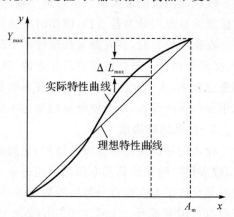

图 1-1 偏离线性现象

7. 仪表的重复性

在同一条件下,多次按某一方向(通常指正行程或逆行程)使输入信号作全量程范围的变化时,对应于同一输入值,仪表输出值的一致程度称为重复性。

重复性的好坏以重复性误差 ε_r 表示,它指在全量程范围内对应于同一输入值,输出的最大值和最小值之差 ΔR 与量程范围 L_m 之比的百分数,即

$$\varepsilon_r = \frac{\Delta R}{L_m} \times 100\% \qquad\qquad (1-5)$$

重复性还可以用来表示仪表在一个相当长的时间内,维持其输出特性恒定不变的性能,有时称漂移,因此,从这个意义上来讲,仪表的重复性和稳定性意义是相同的。

第二节   测量误差及其表示方法

在生产和科学研究中都要对某些参数进行定量的测定,由于测量方法、测量仪器、测量环境,观察者的习惯与熟练程度等因素的影响,测得的结果总不能与该参数实际存在的真值完全一致,测量值在一定程度上偏离实际真值,即存在误差。研究误差的目的就是尽可能地减少误差,正确地处理误差,以提高测量结果的准确性。

一、测量误差的基本概念

若用最小刻度为 1℃ 的温度计测量液体的温度,温度计的指示在 14℃ 和 15℃ 之间,而且指示值离 14℃ 和 15℃ 距离大致相等,无法确定它是 14.4℃ 还是 14.5℃。但是,无论是 14.4℃ 还是 14.5℃ 都较 14℃ 或 15℃ 更接近实际。为表示这一测量的准确程度可把测定值与真值加以比较,设测定值为 X,真值为 μ,二者之差称为该测定值误差,即

$$X - \mu = \pm\delta \qquad\qquad (1-6)$$

式中,δ 为绝对误差,其大小与测定值的大小有关,绝对误差相同的测量,其准确性不一定相

同，因而要引进相对误差以表示测定值的准确程度，相对误差 ε 用绝对误差与被测量的真值 μ 之比表示：

$$\varepsilon = \frac{\delta}{\mu} = \frac{X - \mu}{\mu} \tag{1-7}$$

相对误差的值在 $0 \sim 1$ 之间，其值越靠近 1，测量值与真值相差越远。相同准确性的测定值，其相对误差相等。

相对误差与绝对误差的关系可通过下式近似表示：

$$\mu = X \pm \delta = X(1 \pm \frac{\delta}{X}) \approx X(1 \pm \frac{\delta}{\mu}) = X(1 \pm \varepsilon) \tag{1-8}$$

真值是某物理最客观真实值，在测量中，由于主、客观的因素，这个真值不可能真正测量到，因此，用式(1-6)和式(1-7)来计算误差就发生困难，根据误差理论，在一定条件下，如果进行无限次的测量，则可以找到一个无限逼近真值的最优近似值，该值就是多次测量所得到测定值的平均值 M。

根据平均方法的不同，常用的平均值求法可分为下列几种：

(1) 算术平均值

设 $X_1, X_2 \cdots X_n$ 为某物理量的 n 次测量值，μ 代表真值，M 为算术平均值，则

$$M = \frac{X_1 + X_2 + X_3 + \cdots + X_n}{n} = \frac{\sum\limits_{i=1}^{n} X_i}{n} \tag{1-9}$$

此外，由于每次测量的偏差为

$$\left.\begin{array}{l} X_1 - \mu = \delta_1 \\ X_2 - \mu = \delta_2 \\ \vdots \\ X_n - \mu = \delta_n \end{array}\right\} \tag{1-10}$$

则

$$M - \mu = \frac{\sum\limits_{i=1}^{n} X_i}{n} - \mu = \frac{\sum\limits_{i=1}^{n} \delta_i}{n}$$

所以

$$\mu = M - \frac{\sum\limits_{i=1}^{n} \delta_i}{n} \tag{1-11}$$

当测量次数 n 增多时，各次测量的平均偏差 $\sum\limits_{i=1}^{n} \delta_i / n$ 趋近于零，因而可用算术平均值 M 近似代替真值 μ。

(2) 加权平均值

如在测量中采用了不同的测量方法，或熟练程度不同的人进行测量时，必须对所有数据进行平均处理，要区别不同测量的质量，对可靠性较好的测定值优先考虑，加重其在平均值中的分量，这种平均方法称为加权平均。

设 $\omega_1, \omega_2, \cdots \omega_n$ 表示各测量值的权数（权数量份数的意思是一个无量纲数），则加权平均值为

$$M_\omega = \frac{\omega_1 X_1 + \omega_2 X_2 + \cdots + \omega_n X_n}{\omega_1 + \omega_2 + \cdots + \omega_n} = \frac{\sum\limits_{i=1}^{n} \omega_i X_i}{\sum\limits_{i=1}^{n} \omega_i} \tag{1-12}$$

（3）均方根平均值

按其定义

$$M_\delta = \sqrt{\frac{X_1^2 + X_2^2 + \cdots + X_n^2}{n}} = \sqrt{\frac{\sum\limits_{i=1}^{n} X_i^2}{n}} \tag{1-13}$$

在通常的热工测量中，一般采用算术平均值，对于同一准确程度正态分布的误差，当测量次数增多时，测量的真值最接近算术平均值。

二、测量误差的分类

由于产生误差的原因不同，误差可按其性质分成三类。

（1）系统误差

由某些固定的因素造成的测量值的误差称系统误差。这种误差的大小和方向是恒定的，或按一定规律变化，造成系统误差的原因有：

（a）仪器误差：是由仪器不完善因素引起的误差。如仪器零点不准或刻度不均匀，零件加工不准等因素所造成的读数有固定的偏向，或偏大或偏小等。

（b）测量方法不完善造成的误差：如热电偶温度计直接测量固体表面温度时，由于导热损失将造成所测温度偏低或偏高。

（c）环境条件影响造成的误差：如强电磁场的存在将对数字显示仪表产生影响，磁场对电阻温度计测温的影响，大气温度、压力、湿度的变化对实验数据产生的影响等。

（d）测试者个人主观因素造成的误差：如因视觉缺陷或测读习惯不同，有人读数偏高，有人读数偏低等。

（e）实验装置造成的误差：如低温恒温器绝热不好而加大了漏热损失，材料表面氧化、结垢而形成附加热阻等，均可造成误差。

（f）实验原理和方法的近似性引起的误差：非稳态导热中，电热源热容被忽略而产生的误差等。

系统误差在测量中应尽量避免，一旦存在，则不能用增加测量次数消除，而要分析、查明其产生的原因，根据其变化规律对测量结果进行修正。

（2）过失误差

过失误差又称错差。这完全是由于测量者的过失或操作错误，仪器故障等所造成的巨大差错，错差应尽量避免，一旦出现应从测定数据中剔除，可用莱伊特准则来判断误差。在一组测量值中，若某一测量值 X_i 与该组测量值的算术平均值 M 之差 V_i 大于三倍该组测量值的均方根误差 σ 时，V_i 为过失误差。X_i 为错差（坏值）就予舍弃，莱伊特准则表示式如下：

$$|V_i| = |X_i - M| > 3\sigma \tag{1-14}$$

其中

$$M = \sum_{i=1}^{n} X_i / n$$

$$\sigma = \sqrt{\frac{1}{n-1}\sum_{i=1}^{n}(X_i - M)^2}$$

舍去坏值后重新计算平均值 M,和均方根误差 σ,并再次检验有无坏值。

(3) 随机误差

随机误差指当测试条件保持不变(同一个测量者、同一台测量仪器、相同的环境条件),对同一物理量进行重复测量时,测量结果时正、时负、时大、时小的误差。这种误差特点是:误差的大小和正负具有随机性,并服从一定的统计规律。

随机误差大多是由测量过程中大量彼此独立的微小因素对测量影响的综合结果造成的,这些因素通常是测量者不知道的。或者因其变化过于微小而无法加以严格控制。根据中心极限定理可知,对于这种情况,只要重复测量次数足够多,测定值的随机误差的概率密度分布服从正态分布,正误差和负误差出现的概率相等。因此,随机误差的算术平均值逐渐接近于零。测量值的算术平均值逼近真值。

测量误差分析主要对系统误差和随机误差进行分析。这两种误差性质不同,处理方法也不同。

上述各种误差可通过精度反映出来。误差分析的主要目的之一就是确定测试的精度。所谓精度是指测量结果与真值接近程度的量度,精度越高,测量结果愈逼近真值,精度在数量上等于相对误差的倒数,如相对误差为 0.1%,则精度为 10^3。实质上,精度表示了测量误差的大小,所以精度又可细分为下列三种:

准确度:表示系统误差的大小,它说明测量值的平均值与真值的偏离程度。

精密度:表示随机误差的大小及重复性的好坏,说明随机误差的弥散程度。

精确度:表示综合误差(即系统误差与随机误差的合成)的大小,精确度是测量的评价,它既反映了系统误差的大小,又反映了随机误差的大小。准确度高的测量,精密度不一定高。反之,精密度高的测量,准确度不一定高。但精确度高时,准确度,精密度都高。如图 1-2 为着点分布图。可以说明上述三种情况。图 1-2(a)表示系统误差大而随机误差小,即弥散程度小,准确度低而精密度高;(b)表示系统误差小而随机误差大,即弥散程度大,准确度高而精密度低;(c)表示系统误差和随机误差都很小,即精确度高,在测量中都希望得到精确度高的结果。

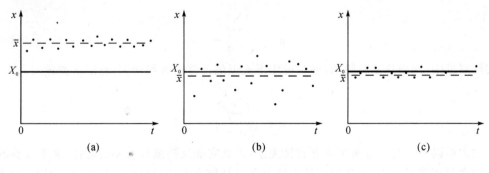

图 1-2 着点分布

三、误差的表示方法

表示测量误差大小的方法很多,但有不同的特点和用途,所使用的符号也不相同。

1. 算术平均误差

在相同条件下对某一物理量进行 n 次测量,测定所得值为 $X_1, X_2 \cdots X_n$。其平均值为 M,各测定值与平均值之差 $d_i = X_i - M$ 称为各次测量的剩余偏差,即

$$\left. \begin{aligned} d_1 &= X_1 - M \\ d_2 &= X_2 - M \\ &\cdots\cdots \\ d_n &= X_n - M \end{aligned} \right\} \tag{1-15}$$

有限的 n 次测量的算术平均剩余偏差为

$$\bar{d} = \frac{\sum\limits_{i=1}^{n} d_i}{n} \tag{1-16}$$

由于各次测量剩余偏差可正、可负。因此,当测量次 n 无限增多时,有

$$\sum_{i=1}^{n} d_i = 0 \tag{1-17}$$

根据误差定义,$n \to \infty$ 时测量值的算术平均值趋于真值,因此各次测量值的剩余偏差 d_i 就是误差 δ_i,而算术平均误差就是算术平均剩余偏差 $\bar{d}$ 在 n 无限增多时的极限值。即

$$\delta = \lim_{n \to \infty} \frac{\sum\limits_{i=1}^{n} d_i}{n} \tag{1-18}$$

用算术平均误差作为测量值可靠性的量度比较简明,方便,但很粗糙,往往不能说明真实偏离程度。

2. 均方根误差

如某物理量作 n 次测量,各次测量误差为 δ_i,取各次误差平方和的算术平均值,然后开方,所得的值称为均方根误差,即无限次测量均方根误差:

$$\sigma = \sqrt{\frac{\sum\limits_{i=1}^{n} \delta_i^2}{n}} \tag{1-19}$$

在实际测量中,次数总是有限的,此时可用下式近似计算均方根误差(有限次测量):

$$\sigma = \sqrt{\frac{\sum\limits_{i=1}^{n} \delta_i^2}{n-1}} \tag{1-20}$$

均方根误差与统计分布规律有直接关系,因此它能反映随机误差的特性,又能反映其他误差存在与否及其大小,而且对测量中较大误差和较小误差的反映比较灵敏。因此,均方根误差在误差分析中比较通用。常称标准误差。

3. 极限误差

极限误差又称最大误差,定义为均方根误差的三倍。即

$$\sigma_{\max} = 3\sigma \qquad\qquad (1\text{-}21)$$

对于服从正态分布曲线的误差,超过 $\pm 3\sigma$ 的概率几乎等于零。也就是说,误差处于 $\pm 3\sigma$ 范围的可能性最大(99.7%)。如果误差超过了这个范围,就值得怀疑,而需进行认真的分析与鉴别。

第三节　随机误差及其计算

随机误差是满足统计规律的,我们必须研究这种误差的特性,并对其进行估算。

一、随机误差的特性

当测量中排除了系统误差的前提下,即是认为系统误差不存在,或已经改正,或者系统误差小得可以忽略不计的情况下,对随机误差可以作概率统计处理。

经大量数据统计表明,随机误差是服从正态分布规律的。

由概率统计知,正态分布的函数形式为

$$f(\delta_i) = \frac{1}{\sqrt{2\pi}\sigma} e^{-\frac{\delta_i^2}{2\sigma^2}} \qquad\qquad (1\text{-}22)$$

其中 σ ——均方根误差;δ_i ——各次测量误差。

式(1-22)又称高斯误差分布,其中 $f(\delta_2)$ 表示误差在 $\pm\delta$ 内的概率大小,其函数图像如图 1-3 所示。

由式(1-22)及图 1-3 可知,正态分布的误差具有以下特征:

1. 随机误差正负值的分布具有对称性。

2. 小的误差出现的概率大而大的误差概率小。

3. 很大的误差出现的概率近于零。即误差值有一定实际极限。因曲线随误差增大很快收敛如 $|\delta| > 3\sigma$ 的概率只有 0.27%,这极小的概率在测量中不可能发生,除非是由过失误差引起的,故通常把 $\pm 3\sigma$ 作为极限误差。

4. 单峰性:如图 1-4 所示正态分布曲线只有一个极大值,且此极大值与 σ 有关,当极大值较大时(σ 值较小),曲线陡降,表示小误差出现概率大而大误差出现概率小。因此,可用 σ 来表征测量的精密度,而极大值较小时,曲线平缓,表示测量误差范围较大,这些特性是鉴别误差类型,剔除坏值和估算随机误差的主要依据。

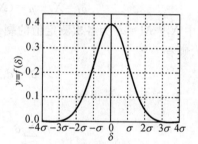

图 1-3　随机误差正态分布曲线

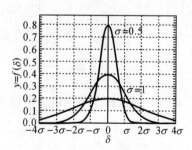

图 1-4　不同 σ 的正态分布曲线

二、测量次数对标准误差的影响

随机误差的规律和特性都是在测量次数 n 无限多的情况下得到的,而实际测量中,测量

次数 n 总是有限的,一般说随机误差将增大,设有限次测量的算术平均值与实际真值的偏差为 δ_μ 称算术平均值标准偏差,则它与标准误差 σ 的关系为

$$\delta_\mu = \frac{\sigma}{\sqrt{n}} \tag{1-23}$$

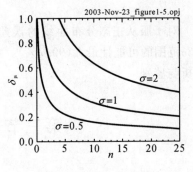

图 1-5 δ_μ 与 n 的关系

由式(1-23)和图 1-5 可知,测量次数 n 增加时,δ_μ 下降且 n 增加到一定值时,δ_μ 值下降变慢,因此测量次数不能太少,在实际测量中如对被测参数性能、特点、规格了解不多时,测量次数可以适当多几次,当测量有把握时可以降至 4~5 次就够了。

三、标准误差的计算

根据大量的测量数据,计算一次测量的标准误差有许多方法。这里介绍其中的两种:

1. 贝塞尔法

贝塞尔法又称标准法。设对某参数测量了 n 次,测量值为 $X_1, X_2 \cdots\cdots X_n$,其中算术平均值为 M,真值为 μ,则各次测量的误差为

$$\delta_i = X_i - \mu = (X_i - M) + (M - \mu) \qquad i = 1, 2, \cdots n \tag{1-24}$$

式中 $X_i - M = d_i$ 为各次测定值的剩余偏差,$M - \mu = \delta_\mu$ 为算术平均值标准偏差,代入(1-24)式,则有

$$\delta_i = d_i + \delta_\mu \qquad i = 1, 2, \cdots n \tag{1-25}$$

由式(1.25)可得到

$$\sum_{i=1}^{n} \delta_i^2 = \sum_{i=1}^{n} d_i^2 + 2\delta_\mu \sum_{i=1}^{n} d_i + n\delta_\mu^2 \tag{1-26}$$

由正态分布对称性,上式中 $\sum_{i=1}^{n} d_i = 0$,上式整理后得到

$$\frac{\sum_{i=1}^{n} \delta_i^2}{n} = \frac{\sum_{i=1}^{n} d_i^2}{n} + \delta_\mu^2 \tag{1-27}$$

$n \to \infty$ 时,算术平均值标准偏差趋近于零 $\delta_\mu \to 0$。根据标准误差定义 $\sigma = \sqrt{\dfrac{\sum_{i=1}^{n} \delta_i^2}{n}}$

得到

$$\sigma = \sqrt{\frac{\sum_{i=1}^{n} d_i^2}{n}} \tag{1-28}$$

在实际测量中 n 为有限值时,$\delta_\mu \neq 0$,此时式(1-27)应为

$$\sigma^2 = \frac{\sum_{i=1}^{n} d_i^2}{n} + \delta_\mu^2 \tag{1-29}$$

由式(1-23)知 $\delta_\mu = \dfrac{\sigma}{\sqrt{n}}$ 代入上式,整理后得

$$\sigma = \sqrt{\frac{\sum\limits_{i=1}^{n} d_i^2}{n-1}} \tag{1-30}$$

式(1-28)和(1-30)分别为测量次数 n 无限多时及有限多时的均方根误差(标准误差)的计算式,这是通常采用的一种方法,其优点是严格、准确。

[例题1-1]　用电阻温度计测量液态氮流体温度,每5分钟测一次共测20次,结果列于表1.1中,若系统误差已消除,试求测量的误差。

表 1-1　某低温流体温度测量记录

流体温度 K	出现次数	d_i	流体温度 K	出现次数	d_i
78.07	4	0.06	78.30	1	0.29
77.90	4	-0.11	78.20	2	0.19
78.13	4	0.12	77.82	1	-0.19
77.85	3	-0.16	77.70	1	-0.31

解:

1) 先求测量的真值,即20次测量的平均值

$$M = \frac{X_1 + X_2 + X_3 + \cdots + X_n}{n}$$

$$= \frac{4 \times 78.07 + 4 \times 77.90 + 4 \times 78.13 + 3 \times 77.85 + 78.30 + 2 \times 78.20 + 77.82 + 77.70}{20}$$

$$= 78.01$$

2) 求每次测量的剩余偏差

$d_i = X_i - M$,结果在表1-1中列出

3) 求标准误差 σ

$$\sigma = \sqrt{\frac{\sum\limits_{i=1}^{n} d_i^2}{n-1}}$$

$$= \sqrt{\frac{4 \times 0.06^2 + 4 \times 0.11^2 + 4 \times 0.12^2 + 3 \times 0.16^2 + 0.29^2 + 3 \times 0.19^2 + 0.31^2}{20-1}}$$

$$= 0.16$$

测量结果:　　$\mu = M \pm \sigma = 78.01 \pm 0.16K$　　　（置信度为68.2%）

或　　　　　　$\mu = M \pm 3\sigma = 78.01 \pm 0.48K$　　　（置信度为99.7%）

2. 最大偏差法

已知多次测量最大剩余偏差 $|d_i|_{max}$ 它与标准误差 σ 的关系由下式表示

$$|d_i|_{max} = K_n \sigma \tag{1-31}$$

式中 K_n 是与测量次数有关的系数,其值见表1-2。

表 1-2 K_n 与测量次数的关系

n	2	3	4	5	6	7	8	9	10	15	20	25	30
$1/K_n$	1.77	1.02	0.83	0.74	0.68	0.64	0.61	0.59	0.57	0.51	0.48	0.46	0.44

[例 1-2] 在例 1-1 中，测量中最大剩余偏差 $|d_i|_{\max}=0.31$，测量次数 $n=20$，查表 1-2 得 $1/K_n=0.48$，由式（1-31）得

$$\sigma=\frac{1}{K_n}|d_i|_{\max}=0.48\times0.31=0.15\text{K}$$

因此近似可由最大剩余偏差求得，另外

$|d_i|_{\max}=0.31$，而 $3\sigma=3\times0.15=0.45$

所以 $|d_i|_{\max}=0.31<3\sigma$，测量中没有过失误差，所有数据都可靠。

第四节 误差的传递

在实验数据整理中，往往要对某些直接测量得到的参数值进行一定的函数运算，求出未知数量，例如，用实验方法测量某电阻加热元件的功率，加热电阻的电压为 U，电流为 I，则加热功率 $P=IU$，I、U 称为直接测定值，P 称间接测定值，如将直接测定值（设 $X_1,X_2,\cdots,X_n$）与间接测定值（拟求量 y）之间的关系可用一般式表示

$$y=f(X_1,X_2,\cdots,X_n)$$

设 X_1 的绝对误差 $\mathrm{d}x_1$，X_2 的绝对误差 $\mathrm{d}x_2$，$\cdots X_n$ 的绝对误差为 $\mathrm{d}x_n$，而 y 的绝对误差（即函数的误差）为 $\mathrm{d}y$，则有

$$y\pm\mathrm{d}y=f(X_1+\mathrm{d}x_1,X_2+\mathrm{d}x_2,\cdots,X_n+\mathrm{d}x_n)$$

上式说明，由于直接测量值有误差，间接测量必然也有误差，即自变量的误差通过一定函数关系传递给了函数。

一、和差关系的误差传递

首先讨论最简单的情况：$y=x_1\pm x_2$，其中 x_1,x_2 为直接测定值。设经 n 次测量后，x_1 各次测定误差为 $\delta_{1,1},\delta_{1,2},\cdots,\delta_{1,n}$，$x_2$ 的各次测定误差 $\delta_{2,1},\delta_{2,2},\cdots,\delta_{2,n}$。对应于每次测量 y 的相应误差为 $\Delta y_1,\Delta y_2,\cdots,\Delta y_n$，因此第 i 次测量有

$$y_i\pm\Delta y_i=(x_{1,i}+\delta_{1,i})\pm(x_{2,i}+\delta_{2,i})=(x_{1,i}\pm x_{2,i})+(\delta_{1,i}\pm\delta_{2,i})=y_i+(\delta_{1,i}\pm\delta_{2,i})$$

$$(1\text{-}32)$$

其中 $\qquad i=1,2,\cdots,n$

误差取上限，去掉负误差，则有

$$\Delta y_i=\delta_{1,i}+\delta_{2,i}\qquad i=1,2,\cdots,n \qquad (1\text{-}33)$$

由此可见，加减函数绝对误差是各分项误差的代数和。

将式（1-33）平方，然后求和，再除以 n 得

$$\frac{\sum\limits_{i=1}^{n}(\Delta y_i)^2}{n}=\frac{\sum\limits_{i=1}^{n}(\delta_{1,i})^2}{n}+\frac{2\sum\limits_{i=1}^{n}\delta_{1,i}\delta_{2,i}}{n}+\frac{\sum\limits_{i=1}^{n}(\delta_{2,i})^2}{n} \qquad (1\text{-}34)$$

当 n 足够大时，$\sum\limits_{i=1}^{n}\delta_{1,i}\delta_{2,i}=0$。左端项 $\dfrac{\sum\limits_{i=1}^{n}(\Delta y_i)^2}{n}=\sigma_y^2$；

右端正项 $\dfrac{\sum\limits_{i=1}^{n}(\delta_{1,i})^2}{n}=\sigma_{x_1}^2$，$\dfrac{\sum\limits_{i=1}^{n}(\delta_{2,i})^2}{n}=\sigma_{x_2}^2$。于是式(1-34)可写为

$$\sigma_y^2=\sigma_{x_1}^2+\sigma_{x_2}^2 \tag{1-35}$$

上式说明，测定值的和差函数的标准误差的平方，为各测定值标准误差平方之和，显然，对于由多个和差关系的函数总误差，如 $y=x_1\pm x_2\pm\cdots\pm x_n$，则其总误差为

$$\sigma_y^2=\sum_{i=1}^{n}(\sigma_{x_i})^2 \tag{1-36}$$

二、乘积函数的误差传递

设函数 y 是自变量 x_1 与 x_2 的乘积，即 $y=x_1\cdot x_2$ 对于 n 次测量

$$y_i+\Delta y_i=(x_{1,i}+\delta_{1,i})(x_{2,i}+\delta_{2,i})=x_{1,i}\cdot x_{2,i}+x_{1,i}\cdot\delta_{2,i}+x_{2,i}\cdot\delta_{1,i}+\delta_{1,i}\cdot\delta_{2,i}$$
$$i=1,2,\cdots,n \tag{1-37}$$

由于 $y_i=x_{1,i}\cdot x_{2,i}$，且 $\delta_{1,i}\cdot\delta_{2,i}$ 为高阶无限小，可略去不计，则式(1-37)成为

$$\Delta y_i=x_{1,i}\cdot\delta_{2,i}+x_{2,i}\cdot\delta_{1,i} \qquad i=1,2,\cdots,n \tag{1-38}$$

式(1-38)表示为乘积函数的绝对误差。

将式(1-38)各式平方和，然后除以 n 则有

$$\dfrac{\sum\limits_{i=1}^{n}(\Delta y_i)^2}{n}=\dfrac{x_1^2\sum\limits_{i=1}^{n}(\delta_{2,i})^2}{n}+\dfrac{2x_1x_2\sum\limits_{i=1}^{n}\delta_{1,i}\delta_{2,i}}{n}+\dfrac{x_2^2\sum\limits_{i=1}^{n}(\delta_{1,i})^2}{n}$$

由于：$x_1=x_{1,1}=x_{1,2}=\ldots=x_{1,i}$，$x_2=x_{2,1}=x_{2,2}=\ldots=x_{2,i}$。

同理，当 n 足够大时 $\sum\limits_{i=1}^{n}\delta_{1,i}\delta_{2,i}=0$，乘积函数的误差可表示为 $\sigma_y^2=x_1^2\sigma_{x_2}^2+x_2^2\sigma_{x_1}^2$

即

$$\sigma_y=\sqrt{x_1^2\sigma_{x_2}^2+x_2^2\sigma_{x_1}^2} \tag{1-39}$$

三、一般函数的误差传递

设有两个独立变量的函数 $y=f(x_1,x_2)$，自变量 x_1 有误差 $\mathrm{d}x_1$，自变量 x_2 有误差 $\mathrm{d}x_2$，则函数 y 有误差 $\mathrm{d}y$，即

$$y\pm\mathrm{d}y=f(x_1+\mathrm{d}x_1,x_2+\mathrm{d}x_2)$$

将 $f(x_1+\mathrm{d}x_1,x_2+\mathrm{d}x_2)$ 按泰勒级数展开

$$f(x_1+\mathrm{d}x_1,x_2+\mathrm{d}x_2)=f(x_1,x_2)+\frac{\partial f}{\partial x_1}\mathrm{d}x_1+\frac{\partial f}{\partial x_2}\mathrm{d}x_2+\frac{1}{2!}\left[\frac{\partial f}{\partial x_1}(\mathrm{d}x_1)+\frac{\partial f}{\partial x_2}(\mathrm{d}x_2)\right]^2+\cdots$$

略去高阶无穷小（二阶以上）后，有

$$y\pm\mathrm{d}y=f(x_1,x_2)\pm\frac{\partial f}{\partial x_1}\mathrm{d}x_1\pm\frac{\partial f}{\partial x_2}\mathrm{d}x_2$$

$$\mathrm{d}y=\frac{\partial f}{\partial x_1}\mathrm{d}x_1+\frac{\partial f}{\partial x_2}\mathrm{d}x_2 \tag{1-40}$$

将式(1-40)写成误差形式：

$$\Delta y = \frac{\partial f(x_1,x_2)}{\partial x_1}\delta_{x_1} + \frac{\partial f(x_1,x_2)}{\partial x_2}\delta_{x_2} = f'_{x_1}\delta_{x_1} + f'_{x_2}\delta_{x_2}$$

对于第 i 次测量，则有

$$\Delta y = f'_{x_1}\delta_{x_1,i} + f'_{x_2}\delta_{x_2,i} \qquad i = 1,2,\cdots n \qquad (1\text{-}41)$$

对于标准误差的总合，可把上式平方求和，然后除以 n，得到

$$\frac{\sum_{i=1}^{n}(\Delta y_i)^2}{n} = \frac{(f'_{x_1})^2\sum_{i=1}^{n}(\delta_{x_1,i})^2}{n} + \frac{2f'_{x_1}f'_{x_2}\sum_{i=1}^{n}\delta_{1,i}\delta_{2,i}}{n} + \frac{(f'_{x_2})^2\sum_{i=1}^{n}(\delta_{x_2,i})^2}{n}$$

当 n 增加到足够大时，$\sum_{i=1}^{n}\delta_{1,i}\delta_{2,i} = 0$ 上式变为

$$\sigma_y^2 = \left(\frac{\partial f}{\partial x_1}\right)^2\sigma_{x_1}^2 + \left(\frac{\partial f}{\partial x_2}\right)^2\sigma_{x_2}^2$$

$$\sigma_y = \sqrt{\left(\frac{\partial f}{\partial x_1}\right)^2\sigma_{x_1}^2 + \left(\frac{\partial f}{\partial x_2}\right)^2\sigma_{x_2}^2} \qquad (1\text{-}42)$$

对于 n 个自变量的函数，则有

$$\sigma_y = \sqrt{\sum_{i=1}^{n}\left(\frac{\partial f}{\partial x_i}\right)^2\sigma_{x_i}^2} \qquad i = 1,2,\cdots,n \qquad (1\text{-}43)$$

式(1-43)就是函数误差的一般传递公式，利用此式可以推导出商、平方、平方根等一系列函数的误差传递式，例如在低温测量中，铂电阻温度计的电阻常用电位差计测量，铂电阻温度计上的电势和串联测量回路中标准电阻上的电势求得，它们之间关系可用 $R = \dfrac{U_x}{I_x} = \dfrac{U_x}{U_N}R_N$ 表示，U_x：铂电阻温度计上电势值；U_N：标准电阻上电势值；设 U_x，U_N 的测量误差分别为 σ_x 和 σ_N，则电阻的标准误差 σ_R 应为

$$\sigma_R = \frac{R_N}{U_N}\sqrt{\sigma_x^2 + \frac{U_x^2}{U_N^2}\sigma_N^2}$$

由此，可得出

结论1：间接测量量的最佳估计值 $\bar{y}$ 可以由与其有关的各直接测量量的算术平均值 $\bar{x_i}$（$i = l,2,\cdots m$）代入函数关系式求得。

结论2：间接测量量的标准误差是各独立直接测量量的标准误差和函数对该直接测量量偏导数乘积的平方和的平方根。

以上两结论是误差传递原理的基本内容，是解决间接测量误差分析与处理问题的基本依据。式(1-43)的形式可以推广至描述间接测量量算术平均值的标准误差和各直接测量量算术平均值的标准误差之间的关系。

最后，应指出以下两点：

1. 上述各公式是建立在对每一个独立的直接测量量进行多次等精度独立测量的基础上的，否则，严格地说上述公式将不成立；

2. 对于间接测量量与各直接测量量之间呈非线性函数关系的情况，上述各式只是近似的，只有当计算 Y 的误差允许作线性近似时才能使用。

第五节　误差的综合

在每个测量过程中，误差的来源于许多方面，既有随机误差，也有系统误差，随机误差本身就是无数个无法掌握的微小误差所产生的，系统误差也是多种多样的。它们各自对测量结果产生影响，因此对实验测量结果的可信赖程度进行总的评价，就必须对各种系统误差和随机误差进行合成，这种合成的综合的效果，用总不确定度 U 来表示，它反映测量结果的总精确度，通常 U 是指测量结果误差的上界限值，即

$$|\Delta M| = |x - \mu| < U \tag{1-44}$$

式中 x—测量值；μ—真值；ΔM—测量误差。

总不确定是估算出来的一个总误差限。所谓估算值就是可能值或是大概值，这里就产生一个可能性多大的问题，即估算值的可信概率，称之为置信概率（置信度）或置信系数，置信概率或置信系数可根据误差分布特性求出，如某测定值 X，某总不确定度为 $U = \pm 3\sigma$，根据误差正态分布，可求得其置信概率为 68.3%，置信系数为 1，置信概率 95.5% 的置信系数为 2，置信概率为 99.73% 时，置信系数为 3。

总不确定度包含了各种系统误差和随机误差，要确定测定值的总不确定度，既要对各种误差进行合成，又要对系统误差和随机误差进行总的合成，无论对哪种合成，其方法一般有三种：

1. 代数合成法

总误差 Δ 等于各误差 δ_i（包括大小和符号）的代数和。即

$$\Delta = \sum_{i=1}^{n} \delta_i \tag{1-45}$$

2. 绝对值合成法

已知各误差的大小，但符号未知，当误差项数较小时，可用各误差的绝对值之和代表总误差，即

$$\Delta = \pm \sum_{i=1}^{n} |\delta_i| \tag{1-46}$$

3. 方根合成法

当误差项较多，符号交错时，用各误差平方和之根表示总误差较为合理，即

$$\Delta = \pm \sqrt{\sum_{i=1}^{n} \delta_i^2} \tag{1-47}$$

一般来说，第一种方法合成的总误差估计偏低，第二种偏高，第三种比较适中，故常用第三种合成方法。

对于系统误差，如果既存在恒定系统误差，又存在可变系统误差，则在进行误差合成时，应把已知的固定误差从测量结果中消去，而对可变系统误差的不确定度 e 进行合成。为了与随机标准误差 σ 相对应，对于可变系统误差，引入系统标准误差 σ' 的概念，其定义为

$$\sigma' = \frac{e}{Z}$$

式中,Z 为不确定度 e 的置信系数,对于 m 个可变系统误差,以第三种方法加以合成时,应为

$$e = \pm Z \sqrt{\sum_{i=1}^{n} (\sigma')^2} \tag{1-48}$$

测量结果的总不确定度 U,应是各系统误差和各随机误差的总合成,以第三种方法计算,则有

$$U = \pm Z \sqrt{\sum_{i=1}^{n} (\sigma'_i)^2 + \sum_{i=1}^{n} (\sigma_i)^2} \tag{1-49}$$

式中 σ'_i——各系统标准误差;σ_i——各随机标准误差。

总不确定的另一个近似计算方法是

$$U = \pm 3(\sigma'_\mu + \sigma_\mu) \tag{1-50}$$

式中　　σ'_μ——总系统标准误差,可根据式(1-48)和式(1-49)确定;

σ_μ——总随机误差,由下式计算:

$$\sigma_\mu = \sqrt{\sum_{i=1}^{n} (\sigma_i)^2}$$

可以证明,如果 σ' 估计适中,则式(1-50)所估算的总不确定度的置信概率在99％以上,即测量结果总误差在 U 的范围内的可能性在99％以上。

应当指出,式(1-50)仅适用于测量次数较多的情况,在一般低温测量中基本上可以满足。

对误差合成后,实验测定值可表示 $M \pm U$,其中 M 是测定值的算术平均值,测定值以 M 为终值,其最大误差在 $\pm U$ 之内。

习　题

1. 在材料 R 的低温比热测量中,采用直流加热电阻法计算电功率。已得一组加热器的加热电流(mA)和加热电压(V)数据,用莱伊特准则剔除坏值,求功率测量标准误差。

I	100.4	100.3	100.4	100.3	100.5	100.4	100.08	100.8	100.4	100.3
U	20.40	20.05	20.04	20.05	20.03	18.00	20.04	20.05	20.04	20.05

2. 如果功率测量用的电流表(0－0.5A)为 0.2 级,电压表(0－50V)为 0.2 级,功率测量结果如何? 用置信概率为 99.7％总不确定度($M \pm U$)来表示。

第二章　温度的测量

第一节　温度与温标

温度是一个表征物体冷热程度的物理量,与其他可用一个标准量加以比较便可得到的物理量(如长度、质量、时间等)不同,温度只能借助测量物质的某些性质得到,这些随温度而变化的性质称为测温参数,具有这种测温参数的物质称为测温物质。

由分子运动论知道,一个物体比另一个物体热,表示该物体内分子运动较快,分子能量较大;反之,物体内分子运动则较慢,分子能量也比较低。因此,温度也是物体内分子运动平均动能的量度。根据热力学第零定律(热平衡定律)可知,任何与第三个物体处于热平衡的两个物体,它们之间也处于热平衡,即这两个物体具相同的温度,所以我们可以选择具有温度特性的物质作为热平衡中的第三种物质——温度计。

温度的数值表示法叫温标,一个温标通常包含了如下的三部分内容:

(1) 温标必须含有温度特性的测温元件——温度计,具有温度特性的主要有:

a. 水银在毛细管中高度(水银在玻璃包内膨胀);

b. 铂丝的电阻;

c. 理想气体或近理想气体的压力;

d. 两种不同金属的热电势;

e. 沸腾液面上平衡蒸气压力;

f. 双金属片热膨胀差异;

g. 气体中声音传播速度;

h. 顺磁盐的磁化率等。

这些随温度变化的物理性质可以作为温度标志,为了温度测量的准确和方便,测温参量随温度变化的规律应有一个较为简单就可以减小的表达式,最理想的是以线性方程式表示温度与参量之间的规律,且变化率要尽可能大,这样测量误差,提高测量精度。

(2) 温标必须包含一些参考点温度,为了在世界各地都能复现这参考温度点,常把某些纯物质特性温度,如凝固点、熔点、沸点、三相点相转变温度,定作固定参考点温度。只要达到相应的纯度,其特性温度各地相差不大,而且都能复现。

(3) 温标的第三个要素是温度的数学表示法,即温度和参数关系式,并按不同的温度计规定不同的测温单位,(即即的含义)。如气体温度计,测温单位可用 Pa/K 表示,电阻温度计用 Ω/K 表示,热电偶温度计用 mV/K 表示。

自温度计发明以来,发明者按自己的习惯人为地规定了一些温标,在各教科书中常遇到的温标有：

(1) 牛顿温标，牛顿在 1701 年用水银温度计测温，他把水的冰点定为 0 ℃N，英国健康人腋下温度作 11 ℃N，则水的沸点便是 34 ℃N。

(2) 华氏温标，使用水银温度计，冰点定为 32℉，水沸点定为 212℉，在水冰点到沸点划分 180 份，每份即为 1℉。（$F = \frac{9}{5}t + 32$）

(3) 摄氏温标，测温用水银温度计，把冰点定为 0℃，水沸点定为 100℃，每份即为 1℃，它与华氏温度关系为 1℃ ＝9/5℉。

(4) 开尔文温标，把绝对零度和水三相点(273.16K)温度作固定点，测温介质与温标无关，规定 0K 至 273.16K 分为 273.16 份。每份即为 1K。（注：冰点温度 0℃ 为 273.15K）

(5) 兰金温标，固定点为 0K，水三相点定为 491.69 ℃R，规定水三相点温度的 1/491.69 为 1 ℃R，℃R＝1℉。

由于温度计固定点和度的表示不一样，因此不能保证各国测温的统一。

一、热力学温标

开尔文(Kelvin)用热力学第二定律研究卡诺可逆热机的热效率推导中发现，当效率最高时，

$$\eta = \frac{W_{net}}{Q_a} = \frac{Q_a + Q_r}{Q_a} = 1 + \frac{Q_r}{Q_a} \qquad (2-1)$$

式中　η：热效率；

　　　Q_a：在一个循环中热机从高温热源吸收热量；

　　　Q_r：在一个循环中热机向低温热源放出热量（对于热机是负值）；

热机效率仅与从高温热量 Q_a 和向低温热源放出热量 Q_r 有关。

对于完全的理想卡诺热机来说，它的吸热都是在等温条件下进行，如果高温热源和低温热源的温度分别为 $F(t_1)$ 和 $F(t_2)$（无论是何种经验温标），则它的热效率又可写成：

$$\eta = 1 + \frac{Q_r}{Q_a} = 1 - \frac{F(t_1)}{F(t_2)}$$

开尔文将关系式 $F(t_1)$ 和 $F(t_2)$ 定义为新温标的二个温度 T_1 和 T_2，则：

$$\frac{T_1}{T_2} = \frac{Q_r}{Q_a} \qquad (2-2)$$

如果再指定一个 T_2 的数值，通过热量 Q 的比值则求得未知 T_1，从热力学推导出的上述方程式与测温工质本身的种类和性质无关，所以用这方法建立起来的热力学温标就避免了各种经验温标的"任意性"。

但是理想的卡诺热机是无法实现的，所以热力学温标是一种理想温标，它存在实验上的困难，后来人们发现理想气体具有热力学性质，其压力和体积的乘积 PV 仅是温度的函数，把理想气体作为理想卡诺循环的工作介质，n 摩尔理想气体，则有

$$PV = nR\theta \qquad (2-3)$$

式中 R 为气体常数，θ 是按波义耳定律定义的理想气体温度，这个温度和热力学温度 T 可以证明是相同的，即

$$\frac{\theta_1}{\theta_2} = \frac{T_1}{T_2} \tag{2-4}$$

我们可以用理想气体温标来实现热力学温标,然而理想气体实际上是不存在的,有些气体(如氦、氢、氧、氮等)在低压和较高温度时,它的行为接近于理想气体,因此,对真实气体作非理想性的修正,从而可以实现热力学温标的测量。

因此,国际权度大会规定,热力学温标为基本温标,热力学温度表示为 T,单位是开尔文(简称开),符号 K,又规定热力学温标和一个定义固定点温度是水的三相点温度,为 273.16K,一开或一开度(T/K)等于三相点热力学温度的 1/273.16,把水三相点作为热力学温度的基本固定点是因为了照顾摄氏温标的习惯。

热力学温度也可以用摄氏温度来表示,其符号为 t,单位为℃,它定义为

$$t = T - 273.15 \tag{2-5}$$

因此水的三相点为 0.01℃,一般 0℃以上用摄氏℃表示,0℃以下用开尔文 K 表示。

二、国际温标

实现热力学温标常用精密的气体温度计,这种仪器比较贵重,使用也很复杂,一般只有少数国家的计量机构中建立了这种装置,无法满足实际测温的需要,为了使用上的简便和准确,1927 年第七届国际权度大会决定采用国际实用温标,几十年来,人们一直以极大的努力将温度测量的实用方法与热力学温标进行比较,使实用方法不断地完善和准确,并且以后每隔 20 年左右作一次重大修改,相继颁布《1948 年国际温标(ITS-48)》和《1968 年国际实用温标(IPTS-68)》。由于考虑到《1958 年 He 蒸气压温标》和《1962 年 He 蒸气压温标》以及《IPTS-68 温标》中低温温区明显地偏离热力学温度,温度咨询委员会(CCT)于 1976 年推荐颁布了《1976 年暂时温标(EPT-76)》以弥补低温温区的不足,但仍偏离热力学温度,在 1989 年 10 月召开的第 27 届国际计量委员会(CIPM)通过了《1990 年国际温标(ITS-90)》,简称"90 温标",并于 1990 年 1 月 1 日起执行。我国自 1994 年 1 月 1 日起全面实施 ITS-90 国际温标。该温标主要包括三方面的规定:(1)定义固定点国际温标指定值;(2)在固定点校准的测温标准仪器;(3)各固定点之间或以外的内插公式。现将低温温区有关内容介绍如下:

1. "ITS-90"用 17 种高纯物质的各相间可复现的平衡状态温度作为温度的基准点,其中除了非常低的温度仍保留沸点外,其他均采用纯物质的熔点,凝固点和三相点,如表 2-1 所示。

2. 在不同的温度范围内,选择准确性和稳定性较高的温度计作为复现热力学温度的标准仪器,使标准仪器测量的温度与热力学温度的差值尽可能小。

　　1) 0.65K～5.0K,　　He 蒸气压温度计,其中

　　　　i) 0.65K～3.2K,　　　　　　　　　　^{3}He 蒸气压温度计;

　　　　ii) 1.25K～2.1768K(λ 点),　　　　^{4}He 蒸气压温度计;

　　　　iii) 2.1768K～5.0K　　　　　　　　^{4}He 蒸气压温度计

　　2) 3.0K 至氖三相点(24.5561K),气体温度计

在这个温度范围内,'T_{90}'可由 ^{3}He 或 ^{4}He 恒容气体温度计来确定,并且三个温度点标定,这三个温度点分别为氖三相点(24.5561K),平衡氢三相点(13.8033K)以及 3～5K 之间一个温度点可由 ^{3}He 或 ^{4}He 蒸气压温度计来确定。

3) 平衡氢三相点(13.8033K)至银凝固点(1234.93K);这个范围内'T_{90}'的标准测温工具铂电阻温度计,它在确定一系列定义固定点,并使用偏差函数可以内插固定点以外的任何温度。

在13.8033K~1234.93K温度范围内,没有一支单一铂电阻温度计能使用并保持高正确性,因此不同结构铂电阻温度计能用于不同的温度范围。

4) 银凝固点(1234.93K)以上温度,普朗克辐射定律。

表 2-1　ITS-90 定义固定点

序号	国际实用温标规定值		物质	状态	$W_r(T_{90})$
	T_{90} K	t_{90},℃			
1	3 5	−270.15 −268.15	He	蒸气压点(V)	
2	13.8033	−259.3467	e-H$_2$	三相点(T)	0.00119007
3	13.8033 17	−259.3467−256.15	e-H$_2$ 或 (He)	蒸气压点(V) (或气体温度计)(G)	
4	13.8033 20.3	−259.3467~−252.85	e-H$_2$ 或 (He)	蒸气压点(V) (或气体温度计)(G)	
5	24.5561	~248.5939	Ne	三相点(T)	0.00844974
6	54.3584	~−218.7916	O$_2$	三相点(T)	0.09171804
7	83.8058	−189.3442	Ar	三相点(T)	0.21585975
8	234.3156	−38.8344	Hg	三相点(T)	0.84414211
9	273.16	0.01	H$_2$O	三相点(T)	1.00000000
10	302.9146	29.7646	Ga	熔点(M)	1.11813889
11	429.7485	156.5985	In	凝固定(F)	1.60980185
12	505.078	231.928	Sn	凝固定(F)	1.89279763
13	692.677	419.527	Zn	凝固定(F)	2.56891730
14	933.473	660.323	Al	凝固定(F)	3.37600860
15	1234.93	961.78	Ag	凝固定(F)	4.28642053
16	1337.33	1064.18	Au	凝固定(F)	
17	1357.77	1084.62	Cu	凝固定(F)	

注:1. 除 ^{3}He 外,其他物质均为自然同位素成分,e-H$_2$ 为正、仲分子态处于平衡浓度的氢;

　2. 对于这些不同状态的定义,以及关复现这些不同状态的建议,可参考"ITS-90 补充资料";

　3. 表中各符号的含义为:V-蒸气压点;T-三相点,在此温度下,固、液和蒸气相呈平衡;

　　M、F-熔点和凝固点,在101325Pa压力下,固、液相的平衡温度。

3. 对定义固定点之间或之外的规定标准插补公式

用这些公式来建立仪器示值与国际温标温度之间的关系以使连续测温,标准仪器在定义固定点上的分度(标定),目的是确定插补公式中的常数,不同标准仪器测温区间相互覆盖,使温区保持连续性以减少测温误差。

1) 0.65K ~ 5.0K,氦蒸气压温度计,插补公式如下:

$$T_{90} = A_0 + \sum_{i=1}^{9} A_i \left[\frac{\ln(P/P_a) - B}{C} \right]^i \tag{2-6}$$

$$T_{90} = A_0 + \sum_{i=1}^{9} A_i [\ln(P) - B]^i$$

式中 P/P_a 为 ^{3}He 或 ^{4}He 蒸气压,A_0、A_i、B 和 C 列于表 2-2 中。

表 2-2　He 蒸气压方程(2-6)不同温区的常数值

物质	^{3}He	^{4}He	^{4}He
温区	0.65K～3.2K	1.25K～2.1768K	2.1768K～5.0K
A_0	1.053447	1.392408	3.146631
A_1	0.980106	0.527153	1.357655
A_2	0.676380	0.166756	0.413923
A_3	0.372692	0.050988	0.091159
A_4	0.151656	0.026514	0.016349
A_5	-0.002263	0.001975	0.001826
A_6	0.006596	-0.017976	-0.004325
A_7	0.088966	0.005409	-0.004973
A_8	-0.004770	0.013259	0
A_9	-0.054943	0	0
B	7.3	5.6	10.3
C	4.3	2.9	1.9

2) 3.0K～24.5561K:气体温度计,插补公式为

$$T_{90} = a + bP + cP^2$$

式中 P 气体温度计的压力,a、b、c 为常数,它可由表 2-3 给出三个定义固定点测量中得到,但最低的一个必须是在 4.2K～5.0K 的温度。

表 2-3　某些定义固定点温度上压力的影响

物质	平衡温度指定值 T_{90}, K	温度随压力 P 变化[1] dT/dP,10K/Pa	温度随液体厚度变化[2] dT/dl,10^{-3}K/m
e-H_2(三相点)	13.8033	34	0.25
Ne(三相点)	24.5561	16	1.9
O_2(三相点)	54.3584	12	1.5
Ar(三相点)	83.8058	25	3.3
Hg(三相点)	234.3156	5.4	7.1
H_2O(三相点)	273.16	-7.5	-0.73
Ga	302.9146	-2.0	-1.2
In	429.7485	4.9	3.3
Sn	505.078	3.3	2.2
Zn	692.677	4.3	2.7
Al	933.473	7.0	1.6
Ag	1234.93	6.0	5.4
Au	1337.33	6.1	10
Cu	1357.77	3.3	2.6

注:[1] 相当于一个标准大气压变化 mK 温度,[2] 相当于液体将每米变化 mK 温度。

从 3.0K～24.5561K,用 ^{3}He 或 ^{4}He 作为温度计的气体,但在 ^{3}He 气体温度计和用于 4.2K 以下的 ^{4}He 气体温度计中,气体的非理想性必须修正,使用近似的第三维里系数 B_3(T_{90})或 B_4(T_{90})进行修正,在此范围内 T_{90} 为:

$$T_{90} = \frac{a + bP + cP^2}{1 + \dfrac{B_x(T_{90})N}{V}}$$

式中 P 是在温度计内的压力，a、b、c 是一般的常数，可从表 2-3 所列三个温度点计算得到，N/V 是气体密度，N 是气体量，V 是温包的容积，当 ^{3}He，$x=3$；^{4}He 时，$x=4$，第二维里系数由下列关系式给出：对 ^{3}He：$B_3(T_{90})=\left(16.69-\dfrac{336.98}{T_{90}}+\dfrac{91.04}{T_{90}^2}-\dfrac{13.82}{T_{90}^3}\right)\times10^6\,\mathrm{m^3/mol}$

$$B_3(T_{90})=\left(16.69-\frac{336.98}{T_{90}}+\frac{91.04}{T_{90}^2}-\frac{13.82}{T_{90}^3}\right)\times10^{-6}$$

对 ^{4}He：

$$B_4(T_{90})=\left(16.708-\frac{374.05}{T_{90}}-\frac{383.53}{T_{90}^2}+\frac{1799.2}{T_{90}^3}-\frac{4033.2}{T_{90}^4}+\frac{3252.8}{T_{90}^5}\right)\times10^6\,\mathrm{m^3/mol}$$

$$(2\text{-}9)$$

$$B_4(T_{90})=\left(16.708-\frac{374.05}{T_{90}}-\frac{383.53}{T_{90}^2}+\frac{1799.2}{T_{90}^3}-\frac{4033.2}{T_{90}^4}+\frac{3252.8}{T_{90}^5}\right)\times10^{-6}\,\mathrm{m^3/mol}$$

使用式(2-7)和式(2-8)而得 $T90$ 的准确度决定于气体温度计的设计以及充入气体的密度。

3) 13.8033K～1234.93K(961.78℃)：铂电阻温度计

此温度范围内的温度 T_{90}，可用一系列定义固定点标定，并使用参考函数的铂电阻温度计得到，温度由电阻比决定，$R(T_{90})$ 与水三相点时电阻 $R(273.16\mathrm{K})$ 之比，即

$$W(T_{90})=R(T_{90})/R(273.16\mathrm{K}) \tag{2-10}$$

铂电阻温度计必须由很纯、无应力的铂丝做成，它必须满足下列关系式：

$$W(29.7646℃)\geqslant1.11807 \text{ 或 } W(-38.8344℃)\geqslant0.844235 \tag{2-11a}$$

对于用到银熔点(961.78℃)以上温度的铂电阻温度计，还应满足：

$$W(961.78℃)\geqslant4.2844 \tag{2-11b}$$

由于铂电阻温度计覆盖温区大，为了测量上的精确，又分若干个温区。

铂电阻温度计的插补公式采用差值内插法，并写成 13.8033K～273.16K 和 0℃～961.78℃ 两个温区，温区各有一张参考函数表和若干偏差函数。

i) 在 13.8033K～273.16K 内的参考函数为

$$\ln[W_r(T_{90})]=A_0+\sum_{i=1}^{12}A_i\left[\frac{\ln(T_{90}/273.16)+1.5}{1.5}\right]^i \tag{2-12a}$$

其逆函数在 0.1mK 之内相当于

$$\frac{T_{90}}{273.16}=B_i\left\{\frac{[W_r(T_{90})]^i/6-0.65}{0.35}\right\}^i \tag{2-12b}$$

$$\frac{T_{90}}{273.16}=B_0+\sum_{i=1}^{15}B_i\left\{\frac{[W_r(T_{90})]^{1/6}-0.65}{0.35}\right\}^i$$

温度计可以在平衡氢三相点（13.8033K）、氖（24.5561K）、氧（54.3584K）、氩（83.8058K）、汞（234.3156K）和水三相点（273.16K）以及接近 17.0K 和 20.3K 两个附加温度点进行标定，后两个温度点可由气体函数校验。

表 2-4　参考函数中常数 A_0、B_0、C_0、D_0 及 A_i、B_i、C_i、D_i 的指定值

A_0	-2.13534729	B_0	-0.183324722
A_1	3.18324020	B_1	0.240975303
A_2	-1.80143597	B_2	0.209108771
A_3	0.71727204	B_3	0.190439972
A_4	0.50344027	B_4	0.142648498
A_5	-0.61899395	B_5	0.077993465
A_6	-0.05332322	B_6	0.012475611
A_7	0.28021362	B_7	-0.032267127
A_8	0.10715224	B_8	-0.075291522
A_9	-0.29302865	B_9	-0.065470670
A_{10}	0.04459872	B_{10}	0.076201285
A_{11}	0.11868632	B_{11}	0.123893204
A_{12}	-0.05248134	B_{12}	-0.029201193
		B_{13}	-0.091173542
		B_{14}	-0.001317696
		B_{15}	0.026025526
C_0	2.78157254	D_0	439.932854
C_1	1.64650916	D_1	472.418020
C_2	-0.13714390	D_2	37.684494
C_3	-0.00649767	D_3	7.472018
C_4	-0.00234444	D_4	2.920828
C_5	0.00511868	D_5	0.005184
C_6	0.00187982	D_6	-0.963864
C_7	-0.00204472	D_7	-0.188732
C_8	-0.00046122	D_8	0.191203
C_9	0.00045724	D_9	0.049025

这个温区内的偏差函数为：

$$W(T_{90}) - W_r(T_{90}) = a[W(T_{90}) - 1] + b[W(T_{90}) - 1]^2 + \sum_{i=1}^{5} C_i[\ln W(T_{90})]^i$$

$$(2\text{-}13a)$$

为了保证温度计测温准确性，又将低温区（$13.8033 \sim 273.16\mathrm{K}$）分成若干个温区，如 $24.5561\mathrm{K} \sim 273.16\mathrm{K}$；$54.3584\mathrm{K} \sim 273.16\mathrm{K}$；在定义固定点进行测量而得到 a、b、c 常数。

$83.8058\mathrm{K} \sim 273.16\mathrm{K}$ 温区偏差函数中有些系数为 0，可简化为：

$$W(T_{90}) - W_r(T_{90}) = a[W(T_{90}) - 1] + b[W(T_{90}) - 1]\ln W(T_{90}) \qquad (2\text{-}13b)$$

ⅱ）在 $0℃ \sim 961.78℃$ 角的参考函数为

$$W(T_{90}) = C_0 + \sum_{i=1}^{9} C_i\left[\frac{T_{90} - 754.15}{481}\right]^i \qquad (2\text{-}14a)$$

其逆函数在 0.13mK 之内相当于

$$T_{90} - 273.15 = D_0 + \sum_{i=1}^{9} D_i \left[\frac{W_r(T_{90}) - 2.64}{1.64} \right]^i \qquad (2\text{-}14\text{b})$$

温度计可选用水三相点(0.01℃),锡熔点(231.928℃),锌熔点(419.527℃),铝熔点(660.323℃)和银熔点(961.78℃)进行标定。

此温区的偏差函数:

$$W(T_{90}) - W_r(T_{90}) = a[W(T_{90}) - 1] + b[W(T_{90}) - 1]^{22}$$
$$+ c[W(T_{90}) - 1]^3 + d[W(T_{90}) - W(660.323℃)] \qquad (2\text{-}15)$$

表 2-5　常用温度计分类表

温度计分类		测温原理
辐射式温度计	光学式 辐射式 比色式	利用物体热辐射性质
热电偶温度计		利用金属的热电性质
电阻温度计		利用导体或半导体受热时电阻变化
压力表式温度计	液体式 气体式 蒸汽式	利用封闭在固定容积中的液体,气体或某种液体饱和蒸汽压受热膨胀或压力变化
膨胀式温度计	液体膨胀式 固体膨胀式	利用液体或固体受热膨胀的性质
磁温度计		利用某些材料磁化率与温度关系
噪声温度计		利用声音在气体中传播速度

在不同的定义固定点温度测量,即可求出 a、b、c、d 值,再根据不同的温度范围:0℃～660.323℃;0℃～419.527℃;0℃～231.928℃;0℃～156.5985℃;0℃～29.7646℃等上式可以简化(即 a、b、c、d 系数某些为 0)。

－38.8344℃～29.7646℃ 中低温过渡温区,温度计可选用汞三相点(－38.8344℃),水三相点(0.01℃)和镓熔点(29.7646℃)定义固定点进行标定,并使用式(2-14)偏差函数且 $c = d = 0$。

铂电阻温度计参考函数中的常数 A_0、B_0、C_0、D_0 及 A_i、B_i、C_i、D_i 数值列于表 2-4 中。

三、温度计

用于测量温度的仪器称为温度计,凡是随温度变化的物理化学性质都能用作测温介质,如几何尺寸、颜色、电导率、热电势和辐射强度、顺磁盐的磁化率、声音在气体中传播速度等等都与物体的温度有关,表 2-5 列出了常用温度计的测温原理。

在 0℃ 以下使用的温度计,要考虑测温的精确,又要考虑使用的方便,在某些装置中还要考虑到低温漏热的情况,图 2-1 列出了目前常用的温度计及应用范围。

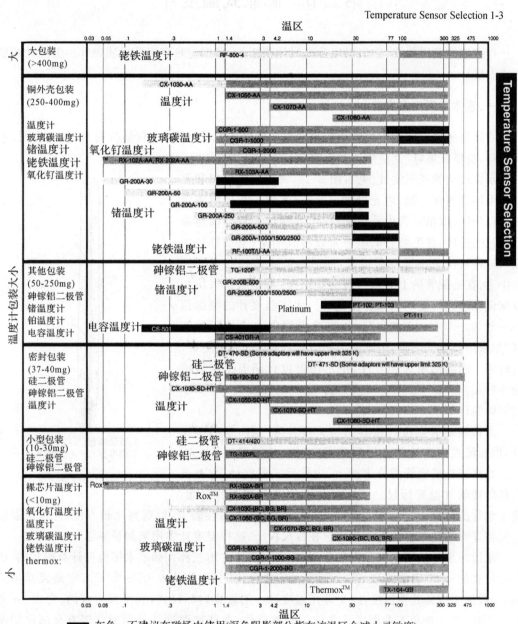

图 2-1　各种类型温度计目前主要应用的温度范围

第二节　膨胀式温度计

许多液体和固体，当它们温度升高时体积膨胀，根据受热膨胀的性质制作的温度计叫膨胀式温度计。

一、液体膨胀式温度计

液体膨胀式温度计中最常用的是水银玻璃管式温度计，因为它结构简单，使用方便，准确度高，价格低廉，广泛应用于实验室和日常生活中。

水银玻璃管式温度计（见右图 2-2），薄壁的测温包和厚壁的毛细管连在一起，内充以测温介质（水银），在玻璃细管上标以刻度，以指示管内液体的高度，并使这读数准确地指示温包的温度，在毛细管的下方常设有收缩室（毛细管扩大段），这样可使毛细管不必过长，同时也防止液柱收缩到温包中去，在毛细管的上方通常设有扩展室（毛细管扩大段），以保证在超温情况下能保护温度计。水银温度计的测温范围一般为 $-38℃ \sim +356℃$，如在毛细管内充以加压的氮气，如采用石英玻璃管，则测温上限可扩展到 $600℃$ 或更高。有时为了测温的精确和方便，把水银温度计测温范围分成较小的温区，如 $-10℃ \sim 100℃$ 普通水银温度计，$35℃ \sim 42℃$ 体温计等。

水银玻璃管温度计按其结构又可分为三种：棒状温度计，内标尺式温度计和外标尺式温度计。棒状温度计它的标尺直接刻在玻璃管的外表面上，内标尺式温度计，它有乳白色的玻璃片温度标尺。该标尺放在玻璃毛细管的后面，将毛细管的标尺一起套在玻璃管内，这种温度计热惰性较大，但观察比较方便，外标尺温度计是将连有玻璃温包的毛细管固定在标尺板上，这种温度计多用来测量室温。

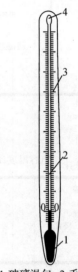

1-玻璃温包; 2-毛细管;
3-刻度标尺; 4-膨胀室

图 2-2　水银玻璃管式温度计

水银温度计按用途可分为工业用、标准和实验室用三种。标准水银温度计有棒状的，也有标尺式的；从准确度来说，有一等和二等之分，其分度值为 $0.05 \sim 0.1℃$，它是成套供应的，一般用于校验其他温度计；工业用温度计一般做成内标尺式，其尾部有直的、弯成 $90°$ 角和 $135°$ 角，为了避免工业温度计在使用时被碰伤，在玻璃温度计外面通常罩有金属保护套管，在玻璃包和金属套管之间填有良导热物质，以减少温度计的测温惰性；实验室用温度计形式和标准温度计相仿，准确度也较高。

如果玻璃管中充以其他低凝固点液体来代替水银，那么测温下限可以扩展到 $-200℃$，通常采用的工作液体基本上都是低凝固点的有机化合物，再配上颜料着色，目测比较容易，但这类有机化合物膨胀系数比水银大，故玻璃毛细管也比水银温度计粗些。

在使用玻璃管温度计时应该注意两个问题：一是零点位移，即在使用过程中，由于加热和冷却的交替进行，使玻璃的内部组织产生一定的变化而引起玻璃温包的收缩，其结果是引起温度计零点位移,原有刻度产生误差,因此在使用过程中应该定期校验;二是温度计的插入深度,标准及实验室用温度计分度时是将液柱全部插入被测介质中,使用时如不能满足这一要求就需对读数加以修正,这是因为液柱露出部分与插入部分的温度不同,体积膨胀量有一定的差异。

温度计液柱露出部分的读数修正值可按下式

$$\Delta t = \alpha h(t - t_1) \tag{2-16}$$

式中　Δt:读数修正值(℃);

α:工作液体与玻璃管膨胀系数差(对于水银温度计 $\alpha = 0.00016$)(1/℃);

h:液柱露出的高度,以温度计标尺的度数表示(℃);

t:温度计的指示值(℃);

t_1:液柱露出部分的平均温度(℃)。

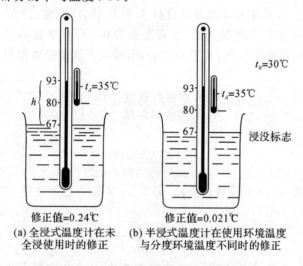

(a) 全浸式温度计在未全浸使用时的修正　(b) 半浸式温度计在使用环境温度与分度环境温度不同时的修正

图 2-3　玻璃管水银温度计的温度修正

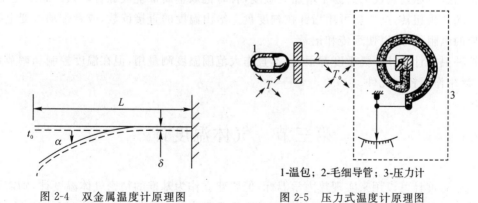

图 2-4　双金属温度计原理图

1-温包;2-毛细导管;3-压力计

图 2-5　压力式温度计原理图

在使用工业用水银温度计时,应把尾部全部插入被测介质中,否则,必要时也要按上式进行读数修正。

对于有机液体的温度计,如普冷用酒精温度计、戊烷温度计,由于有机液体的体膨胀系数比水银大,上述的修正更有必要。

[例题 2-1] 一支测温范围为−70～100℃的酒精温度计($\alpha = 10.3 \times 10^{-4}/℃$)，测量某液体温度为−60℃，其中 45℃读数以上(h)暴露在 20℃大气中，求液体准确温度？

解：$\Delta t = \alpha h(t - t_1) = 10.3 \times 10^{-4} \times 45 \times (-60 - 20) = -3.71℃$

$t = t' - \Delta t = -60 - 3.71 = -63.71℃$

直读式玻璃温度计由于质脆、体积大、不能任意弯曲、并且是非电讯号，在低温下无合适的工作液，因此在低温范围内较少使用，但在零度左右和制冷温度范围内应用较广。

二、固体膨胀式温度计

原来长度为 L 的一个固体，由于温度变化 δ_t，长度变化 δ_L 可用下式表示：

$$\delta_L = \alpha L \delta_t \tag{2-17}$$

式中，α 为线膨胀系数，在特定温度范围内一般为常数。

把两种不同膨胀率，厚度为 d 的带状材料 A 和 B 粘合（或铆合）在一起，便组成一种双金属带，温度变化时会使双金属带弯曲，令双金属带在 0℃时初始的平直度为 L_0，α_A 和 α_B 分别为材料 A 和 B 的线膨胀系数，其中 $\alpha_A < \alpha_B$，假设双金属带受温度变化时成圆弧形弯曲，则：

$$\frac{r+d}{r} = \frac{带\ B\ 膨胀后长度}{带\ A\ 膨胀后长度} = \frac{L_0(1 + \alpha_B t)}{L_0(1 + \alpha_A t)}$$

或

$$r = \frac{d(1 + \alpha_A t)}{t(\alpha_B - \alpha_A)} \tag{2-18}$$

如果 A 采用殷钢（含 36% 镍铁含金）。那么 α_A 实际上近似为零，双金属片的弯曲半径可写成

$$r = \frac{d}{t \alpha_B} \tag{2-19}$$

对于较薄的双金属带，d 是比较小的，当温度变化时，会出现较大的弯曲，双金属温度计就是根据这一原理制成的。为了增加灵敏度，有时把双金属带绕成螺管形状。温度变化时，螺管一端产生扭转，这样就可用指针在刻度盘上给出温度的直接读数，或者带动可变电阻发出相应的电阻信号，以便远传和记录。

这种温度计，精度、灵敏度都很低，不宜作大范围温度测量用，但在温度控制和调节系统中，广泛用作温控元件。

第三节　气体温度计

气体温度计可以用来实现热力学温标，但要建立作为基准的精密气体温度计，则需要复杂的技术和仔细的操作，只能在计量机构或少数几个实验室能做到，'ITS-90'规定 He 气体温度计可作 3.0K～24.5561K 标准测温工具。本节主要讨论用于工程测量的简易气体温度计和实验室用的较准确的气体温度计。

气体温度计可分为定容气体温度计和定压气体温度计，用这两种温度计测量温度是一致的，但在实用上定容气体温度计比较方便，通常用的气体温度计几乎全是定容气体温度

计。理想气体的状态方程式为 $PV=nRT$。如果体积，摩尔数 n 固定，且不考虑死体积，则测温包的温度为

$$T=P\frac{T_s}{P_s} \tag{2-20}$$

T_s、P_s 为已知定标温度（如固定温度）和该温度下的充气压力，从式(2-20)可见，T 随 P 呈线性变化，只要测出某一未知温度下的压力 P，其对应的温度 T 就可以决定，然而实际气体在低温下和理想气体性质有较大的偏差，温度越低，这种偏差越大，精确测温需要对它加以必要的修正。

一、简易气体温度计

工程上常用的简易气体温度计，用一根导热率小的德银毛细管把容积为 V_B 的测温包和容积为 V_M 的弹簧管压力表连接起来，充以适当的气体后封住，就成了简易气体温度计，显然，这是定容的气体温度计。

对于简易气体温度计，如果测温气体满足理想气体状态方程，且毛细管 $V_C \ll V_B$ 可以忽略，可以写成：

$$\frac{PV_B}{RT}+\frac{PV_M}{RT_0}=n=\frac{P_0V_B}{RT_0}+\frac{P_0V_M}{RT_0}$$

上式的第一项为测温包 V_B 所处温度 T，第二项压力计 V_M 处于室温 T_0，包内的压力 P 可由压力计读出来，等式右边为室温 T_0 充气压力 P_0，此时，V_B、V_M 均处于室温 T_0。

式中　V_B——测温包容积；

　　　V_M——室温压力计容积；

　　　T_0——室温；

　　　T——测温包的温度；

　　　P——压力计绝对压力。

上式可以改写成

$$\frac{1}{T}=\frac{P_0(V_B+V_M)}{PT_0V_B}-\frac{V_M}{T_0V_B}=\frac{a}{P}-b \tag{2-21}$$

或

$$T=\frac{P}{a-bP} \tag{2-22}$$

式中 $a=\dfrac{P_0(V_B+V_M)}{T_0V_B}$ 和 $b=\dfrac{V_M}{T_0V_B}$ 均为常数，可以由实验确定，只要两个已知温度下测出相应的压力值（其中一个选为室温 T_0 下充气压力 P_0），作 $\dfrac{1}{T}\sim\dfrac{1}{P}$ 直线，则其斜率和截距分别是 a 和 b，于是，从式(2-22)就可以方便地算出测得的某一压力 P 所对应的温包温度 T。

对于简易气体温度计，除了绝对灵敏度 $\mathrm{d}P/\mathrm{d}T$ 外，引进相对灵敏度 $S=\dfrac{T}{P_0}\dfrac{\mathrm{d}P}{\mathrm{d}T}$，它表示温度的相对变化 $\Delta T/T$ 下，压力变化与充气压力比值 $\Delta P/P_0$ 的大小，通常选择室温 T_0 下充气压力 P_0 为压力表或压力真空表满刻度的 2/3 到 3/4，以避免弹簧管产生永久形变，P_0 和 T_0 代入式(2-21)得

$$a=(1+bT_0)\frac{P_0}{T_0}\text{,并令 } \alpha=V_M/V_B=bT_0\text{,于是得到}$$

$$P=\frac{P_0(1+\alpha)T}{T_0+\alpha T}$$

$$\therefore \quad \frac{\mathrm{d}P}{\mathrm{d}T}=\frac{P_0}{T_0}\frac{1+\alpha}{(1+\alpha\frac{T}{T_0})^2}$$

$$S=\frac{T}{P_0}\frac{\mathrm{d}P}{\mathrm{d}T}=\frac{T}{T_0}\frac{1+\alpha}{(1+\alpha\frac{T}{T_0})^2} \tag{2-23}$$

由此可见,简易气体温度计的灵敏度依赖于参量 $\alpha=V_M/V_B$,图 2-6 绘出相应于不同 α 值相对灵敏度与温度关系数。

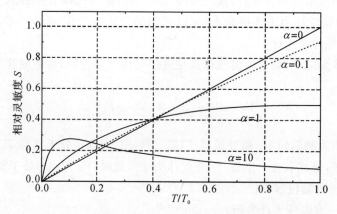

图 2-6 简易气体温度计的相对灵敏度与温度关系

当 α 很大时,即 $V_M>V_B$,温度计在室温附近灵敏度很低,这是因为大部分气体处在室温 V_M 之中,当测温包温度改变时气体压强改变很小,但是,当测温包温度很低时,由于大部分气体集中到 V_B 之中,温度改变时,气体压强变化显著,灵敏度可大大提高,所以要求在低温下有高的相对测温灵敏度,可以设计成体积比 α 较大的温度计,甚至可以室温部分附加一个贮气室。如果 α 很小,即 $V_M\ll V_B$,这时灵敏度 S 与 T/T_0 近似线性关系,即温度越高,灵敏度越大,温度越低,灵敏度越小,这种气体温度计适用于较高温度。

例如,当选择 $\alpha=10$,从 20K～90K 温区灵敏度 $S>0.2$,如果压力表能测准到最大允许偏转的 1%,则温度可测准到 5%。

测温包通常是用铜制作,体积约几个立方厘米,德银毛细管或不锈钢管一般选用内径为 0.3～1mm,所充气体种类取决于气体温度计的测温范围,最低温度下保证不出现液相,通常充以氦气。有时也充有氢气或其他低温气体。

二、实验室用比较精确的气体温度计

实验室用的气体温度计与简易气体温度计比较有两点改进:

1) 用 U 形管水银压强计代替波登管压力表,压力读数较精确,如配用测高仪可精确到 0.1mmHg,而且测得的是和真空状态相比的绝对压强,不受环境大气压变化的影响。

2) 减少室温部分 V_M 的体积,从而减少室温变化的影响,由此造成低温灵敏度降低,可以增加低温下充气量来弥补。

图 2-7 为实验室用气体温度计的结构示意图,从测温包 B 内引出德银毛细管 C 用环氧树脂封接到玻璃毛细管 G 上,W 和 V 是用同样管径(Φ10mm)的玻璃制作,W 处的水银面要尽可能高,以减少 V_M,但不要进入玻璃管直径有变化处,且每次测量时要在同一位置(基准点 0),从而保证测温包气体体积的恒定,水银面的升降是靠向 F 充气或减压来完成的,N 是一针形阀,N 前再加一阀 S,可控制微调水银面高度,加一段玻璃毛细管的目的是使人们能够看清楚是否有水银偶然地进入毛细管中,测温包热起来后,气体可以存在泡 D 中,把水银面降到 J 以下,可以通过 V 对温度计进行抽空或充气,随测温包温度 T 而变化的气体压力 P,由 V 管中水银面相对于标记 0 的高度读出。

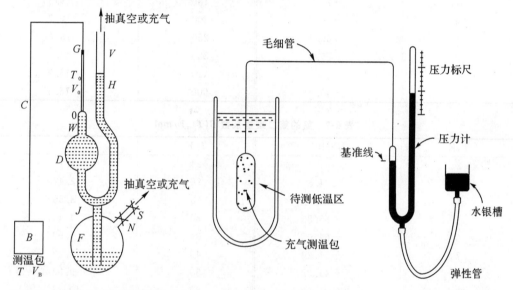

图 2-7　实验室用气体温度计(from Randallf Barron, Cryogenic Systems, second Edition, p322)

精密气体温度计的基本公式和定标方法,和简易气体温度计相同,但根据所需要的精度,对结果要进行各种修正,一般是独立地分析各种修正大小,不考虑相互之间的影响,例如考虑毛细管体积修正时,不讨论当毛细管中气体的非理想性影响等,其实,这种影响也是很小的,可忽略。

主要修正有以下几种:

(1) 气体的非理想性修正

即使是氦气,在低温下它的行为已不能用理想气体状态方程式 $PV=nRT$ 来描述了,而应该用真实气体的状态方程式,可用无穷级数或维里系数表示式,它是:

$$PV=RT\left[1+B(T)\frac{n}{V}+C(T)\left(\frac{n}{V}\right)^2+\cdots\right] \tag{2-24}$$

或

$$PV=RT\left\{1+B(T)\frac{P}{RT}+\left[C-B^2(T)\right]\left(\frac{P}{RT}\right)^2+\cdots\right\} \tag{2-25}$$

式中 $B(T)$ 和 $C(T)$ 分别是第二、三维里系数,它们都是温度的函数,其值由实验测定。仲氢和氦的 $B(T)$ 见表 2-6 和 2-7。

表 2-6　仲氢的第二维里系数 $B(T)$，L/mol

T,K	$B \times 10^3$	T,K	$B \times 10^3$
14	−237.2	50	−33.4
16	−199.2	60	−22.6
18	−169.8	70	−15.2
20	−146.7	80	−9.82
22	−128.1	90	−5.73
24	−112.9	100	−2.51
26	−100.3	120	2.14
28	−89.7	140	5.34
30	−80.7	160	7.65
32	−72.9	180	9.39
34	−66.2	200	10.7
36	−60.3	250	13.0
38	−55.0	300	14.4
40	−50.4	410	15.9
45	−40.9	500	16.6

表 2-7　氦的第二维里系数 $B(T)$，L/mol

T,K	$B \times 10^3$	T,K	$B \times 10^3$
2		24	1.17
3	−203.8	26	2.47
4	−122.0	28	3.56
5	−85.83	30	4.49
6	−64.08	34	5.99
7	−51.20	40	7.62
8	−41.33	50	9.33
9	−33.88	60	10.37
10	−23.37	70	11.04
11	−19.52	80	11.49
12	−16.31	90	11.79
13	−13.60	100	12.00
14	−11.27	150	12.38
15	−9.25	200	12.33
16	−7.49	300	11.95
17	−5.94	400	11.51
18	−4.57	500	11.10
19	−3.35	750	10.18
20	−2.25	1000	9.41
22	−0.37	1500	8.12

　　通常气体温度计中气体密度或压强比较低，而 $C(T)$ 及高次项很小，予以忽略，即可得到一级近似的非理想气体产生偏差，让我们假设：

$$PV = RT\left[1 + B(T)\frac{P}{RT}\right] \tag{2-26}$$

如果温度计在 $T=T_s$ 充气,充气的压力为 P_s 则有:

$$\frac{PV_B}{RT+B(T)P}+\frac{PV_M}{RT_0}=\frac{P_sV_B}{RT_s+B_s(T)P_s}+\frac{P_sV_M}{RT_0} \tag{2-27}$$

对于 $V_M\ll V_B,T_0\gg T$ 情况下,等式两边的第二项均可忽略,因此近似有:

$$\frac{PV_B}{RT+B(T)P}=\frac{P_sV_B}{RT_s+B_s(T)P_s} \tag{2-28}$$

由此不难推算出气体非理想性引入的温度误差为

$$\Delta T_1=T_1-T=\frac{P}{R}\big[B(T_0)-B(T)\big] \tag{2-29}$$

如果充气温度或标定温度与待测温度越接近,$B(T_0)-B(T)$ 值越小,气体的非理想性引入的误差也小,并且,温度越低,压强越高由此而产生的误差也越大。

（2）毛细管体积修正

不能靠无限缩小毛细管的体积以减少毛细管所引进的误差,毛细管太细了压力平衡时间长,还会产生热分子压差。一般毛细管内径选 $\Phi0.5\sim\Phi1.0\text{mm}$,毛细管上部处于室温,它的体积 V_C 可以认为已包括在 V_M 中,现在考虑修正的是从室温到低温这部分毛细管。这段毛细管中温度变化大,且温度分布随实验装置不同而有差异,因此这段毛强管引起的误差很难做到准确计算,但可以估计一个上限,假定这段毛细管温度均等于测温包的温度,这样由毛细管引起测温最大误差为:

$$\Delta T_2=\frac{V_C}{V_B}T \tag{2-30}$$

只要 V_B 足够大,这个误差可以忽略,如毛细管内径 0.5mm,长 50cm,则 $V_C=0.10\text{cm}^3$,如果要求温度计的准确度高于 1%,则测温包的体积应大于 10cm^3,在使用时要注意毛细管的温度不应比温包低,如果低得多,则大部分气体集中在毛细管中,会引起很大的误差,因此常用真空套管办法以避免毛细管和过冷温区接触。

（3）测温包体积冷收缩的修正

由于测温包体积冷收缩,严格地说温度计并不是"等容"的,引起测量误差,如果温包体积减小 ΔV_B 引起测温误差为:

$$\Delta T_3=\frac{\Delta V_B}{V_B}T \tag{2-31}$$

测温包体积冷收缩 $\Delta V_B<0$,故 $\Delta T_3<0$

为了温度均匀,测温准确,测温包一般由导热好的紫铜制作,从室温冷至 4K,铜的线膨胀系数为 0.3%,所以它的体积大约收缩 0.9%,但大部分（95%）收缩发生在 90K 以上,从90K 冷到 4K 仅收缩 5%,因此,温度计在液氧和液氮温度来分度,此项误差将小于 0.05%。

（4）热分子压差修正

当气体的平均自由程比毛细管直径大时,处在室温 T_0 的压力读数和低温温包中的压力有所差别,这就是热分子压差效应,通常这个修正很小,可以不考虑,例如毛细管内径为 0.5mm,压力 $P<20\text{mmHg}$ 时,这项修正才超过 0.1%。

气体温度计的最主要优点是直接给出热力学温度,只要在两个已知温度下定标,其他温度均可测量其压力而得到。尤其是在 3.0K$\sim$24.5561K 之间温度,《ITS-90》规定作为基准温度计。

气体温度计能测量很宽的温度范围,不受磁场的影响,本身也不会发热。

但它也有缺点,主要是使用不方便,测温包体积大,热容也大,压力计与温包之间用毛细管连接,平衡时间长(要数分钟)反应慢。

实用上,常用作标定其他次级温度计的基准温度计使用。

[例 2-2] 定容气体温度计,在室温(20℃)充气到 0.4MPa(4 个大气压)(表压),把它放在低温处,此时的表压为 0.05MPa(0.5 个大气压),求温包处的温度的灵敏度 S(已知 $\alpha = V_M/V_B = 0.5$)

解:
$$P_0 = 4+1 = 5\text{atm}, \qquad P = 0.5+1 = 1.5\text{atm}$$
$$\alpha = V_M/V_B = 0.5, \qquad T_0 = 273.15+20 = 293.15\text{K}$$
$$a = \frac{P_0}{T_0}(1+\alpha) = \frac{5}{293.15} \times (1+0.5) = 0.02558$$
$$b = \frac{V_M}{T_0 V_B} = \frac{\alpha}{T_0} = \frac{0.5}{293.15} = 0.001706$$
$$T = \frac{P}{a-bP} = \frac{1.5}{0.02558-0.001706 \times 1.5} = 65.14\text{K}$$
$$S = \frac{T}{T_0} \frac{1+\alpha}{(1+\alpha \frac{T}{T_0})^2} = \frac{65.14}{293.15} \times \frac{1+0.5}{(1+0.5 \times \frac{65.14}{293.15})^2} = 0.27$$

[例 2-3] 若上述定容温度计内充以氦气体测温介质,且毛管的体积 V_C 为温包体积 V_B 的 1%,求此条件下温包较精确的温度。

要精确地计算温包的温度,必须考虑下列几项的修正。

解:1) 氦气的非理想性修正:
$$\Delta T_1 = \frac{P}{R}[B(T_0) - B(T)]$$

已知 $T' = 65.14K, T_0 = 293.15K$,对应 $B(T)$ 值由表 2-7 查得:
$$B(T) = 10.7 \times 10^{-3}\text{L/mol},$$
$$B(T_0) = 11.98 \times 10^{-3}\text{L/mol}$$

所以:$\Delta T_1 = \dfrac{1.5}{0.08314} \times [11.98-10.7] \times 10^{-3} = 0.068\text{K}$

2)毛细管体积修正:
$$\Delta T_2 = \frac{V_C}{V_B}T = 0.01 \times 65.14 = 0.6514\text{K}$$

3)测温包体积修正:
$$\Delta T_3 = \frac{\Delta V_B}{V_B}T = -0.9\% \times 95\% \times 65.14 = -0.556\text{K}$$

修正后较精确的温度:
$$T = T' - \sum \Delta T_i = 65.14-0.068-0.65+0.556 = 64.96\text{K}$$

第四节　蒸汽压温度计

纯物质的饱和蒸汽压 P_v 和温度之间具有一一对应的关系,常用的低温液体的蒸汽压和温度关系,都已精确地测量过,可用数学式(表 2-8)表示,也可用蒸气压与温度对照表(表 2-9)。因此可以方便地由 P_v 测量值得到较精确的 T 值。P_v-T 关系可以近似地用指数关系式表示成 $P_v \approx P_0 e^{B/T}$(表 2-8)。蒸汽压温度计在正常沸点附近有很高的灵敏度 $\mathrm{d}P_v/\mathrm{d}T$,对于氧、氮、氢和氦的蒸汽压温度计灵敏度分别为 80、88、225 和 720mmHg/K(见表 2-10),如压力测量精确到 1mmHg,在液氦温度下可精确到 0.001K,因此灵敏度高是蒸气压温度计的一个优点,另外,蒸气压温度计与气体温度计相比,它的测温包可以做得小些,并且不必进行繁琐的各项修正。

表 2-8 饱和蒸气压与温度的关系式

名称	氧	氮	氖	平衡氢	正常氢
公式	$\lg \dfrac{P_v}{P_0}=A+\dfrac{B}{T}+C\lg\dfrac{T}{T_0}+DT+ET^2$		$\lg\dfrac{P_v}{P_0}=A+\dfrac{B}{T}+CT+DT^2$		
范围	54.361～94K	63.146～84K	24.5561～40K	13.8033～23K	13.956～30K
A	5.961546	5.893271	4.61152	1.711466	1.734791
B	-467.45576	-403.96046	-106.3851	-44.01046	-44.62368
C	-1.664512	-2.3668	-0.0338331	0.0235909	0.0231869
D	-0.0132110301	-0.01427815	0.000424892	-0.000048017	-0.000048017
E	50.304×10^{-6}	72.5872×10^{-6}			
T_0	90.188K	77.344K			
P_0	$1.01325\ 10^5\mathrm{Pa}$				

注:这里均按 IPTS-68(1975 修订版)给出。

缺点是适用温区较窄,一般在液体三相点和正常沸点之间,但很多低温实验直接在液体温度下进行,蒸气压温度计的测温范围大致如下:

氧: 54～90K

氮: 63～77K

氢: 14～20K

氦-4: 1～4.2K

氦-3: 0.5～3.3K

一、饱和蒸气压和温度的关系

液体饱和蒸气压和温度关系可用克劳修斯—克拉普龙(Clausius Clapeyron)方程式表示:

$$\left(\frac{\partial T}{\partial P}\right)_s=\left(\frac{\partial T}{\partial P}\right)_h=\frac{T(V_V-V_L)}{L_b}$$

$$\frac{\mathrm{d}P}{\mathrm{d}T}=\frac{S_V-S_L}{V_V-V_L}=\frac{L_b}{T(V_V-V_L)}=\frac{L_b}{T\Delta V}$$

式中 $\Delta V=V_V-V_L\approx V_V$,为液体汽化时的体积变化,可近似等于蒸汽摩尔体积,L_b 为摩尔汽化潜热,假设蒸汽服从理想气体状态方程式,若汽化潜热 L_b 为常数,上式可改写为

$$\frac{\mathrm{d}P}{\mathrm{d}T}=\frac{L_b}{TV_V}=\frac{L_b}{\dfrac{TV_VP}{P}}=\frac{PL_b}{TRT},\text{则}\ \frac{\mathrm{d}P}{P}=\frac{L_b}{RT^2}\mathrm{d}T$$

积分可得：
$$\ln P = \frac{A}{T} + B \tag{2-32}$$

式中 $A = L_b/R$，B 为常数。

若汽化潜热为温度的一次函数 $L_b = L_0 + \alpha T$，那么上式结果为

$$\ln P = \frac{A}{T} + B\ln T + C \tag{2-33}$$

式中 $A = L_0/R$、$B = \alpha/R$、C 均为常数。

蒸气压与温度之间关系，更进一步研究发现汽化潜热为温度的多次项代数和组成。（见表 2-8）。

IPTS-68(1975 年修正版)给出了饱和蒸汽压与温度的关系式，以及由此推算出来的数值对照表，见表 2-8 和表 2-9，表中所给的 P_v 为毫米汞柱值，都是指在 0℃ 和标准重力加速度，980.665cm/s² 情况下的值。精确测量中，必须按压强计的温度 t 和当地重力加速度 g，对水银柱高度 h' 进行修正。

表 2-9　饱和蒸气压 Pv 和温度 $T(K)$ 的对照表

P_v,mmHg	3He	4He	平衡氢	正常氢	Ne	N₂	O₂
800	3.2461	4.2771	20.448	20.565	27.273	77.782	90.682
780	3.2218	4.2498	20.361	20.479	27.188	77.565	90.437
760	3.1971	4.2221	20.2734	20.390	27.102	77.344	90.188
740	3.1718	4.1939	20.184	20.301	27.014	77.118	89.934
720	3.1464	4.1651	20.092	20.209	26.924	76.888	89.674
700	3.1199	4.1358	19.999	20.115	26.832	76.653	89.409
680	3.0930	4.1060	19.903	20.020	26.738	76.413	89.138
660	3.0658	4.0755	19.806	19.922	26.642	76.167	88.860
640	3.0378	4.0444	19.706	19.823	26.544	75.915	88.576
620	3.0093	4.0127	19.605	19.721	26.444	75.657	88.285
600	2.9801	3.9802	19.500	19.617	26.340	75.393	87.987
580	2.9503	3.9470	19.394	19.510	26.235	75.122	87.680
560	2.9197	3.9130	19.284	19.400	26.126	74.844	87.366
540	2.8885	3.8781	19.172	19.288	26.015	74.557	87.042
520	2.8564	3.8424	19.057	19.172	25.900	74.263	86.709
500	2.8234	3.8057	18.938	19.053	25.782	73.960	86.363
480	2.7897	3.7681	18.816	18.931	25.661	73.647	86.012
460	2.7549	3.7294	18.690	18.805	25.535	73.324	85.647
440	2.7190	3.6895	18.560	18.675	25.405	72.990	85.268
420	2.6821	3.6484	18.426	18.540	25.271	72.643	84.876
400	2.6440	3.6060	18.287	18.401	25.131	72.284	84.469
380	2.6046	3.5621	18.143	18.257	24.986	71.911	84.046
360	2.5539	3.5166	17.993	18.107	24.835	71.521	83.604
340	2.5216	3.4694	17.837	17.951	24.677	71.115	83.143
320	2.4777	3.4202	17.674	17.788		70.690	82.660
300	2.4319	3.3690	17.504	17.617		70.243	82.153
290	2.4082	3.3424	17.416	17.528		70.010	81.889

P_v, mmHg	3He	4He	平衡氢	正常氢	Ne	N₂	O₂
280	2.3837	3.3153	17.325	17.437		69.772	81.618
270	2.3590	3.2875	17.232	17.344		69.526	81.339
260	2.3339	3.2591	17.136	17.248		69.274	81.051
250	2.3080	3.2297	17.0373	17.149		69.013	80.755
240	2.2813	3.1997	16.936	17.048		68.744	80.449
230	2.2538	3.1687	16.831	16.943		68.466	80.133
220	2.2257	3.1369	16.723	16.835		68.179	79.805
210	2.1966	3.1040	16.612	16.723		67.881	79.466
200	2.1667	3.0701	16.496	16.607		67.571	79.113
190	2.1357	3.0350	16.375	16.486		67.249	78.746
180	2.1036	2.9987	16.250	16.361		66.913	78.363
170	2.0705	2.9608	16.120	16.230		66.562	77.963
160	2.0359	2.9214	15.984	16.094		66.194	77.543
150	2.0000	2.8804	15.841	15.950		65.807	77.101
140	1.9626	2.8375	15.690	15.800		65.399	76.636
130	1.9232	2.7924	15.532	15.641		64.967	76.142
120	1.8819	2.7447	15.363	15.472		64.507	75.616
110	1.8382	2.6944	15.184	15.292		64.016	75.054
100	1.7920	2.6409	14.992	15.100		63.487	74.449
90	1.7425	2.5832	14.784	14.892		62.940	73.792
80	1.6894	2.5215	14.558	14.665		62.390	73.072
70	1.6316	2.4539	14.309	14.416		61.770	72.275
60	1.5683	2.3793	14.030	14.136		60.240	71.378
50	1.4975	2.2957	13.730	13.830		60.240	70.348
45	1.4586	2.2495	13.575	13.670			69.768
40	1.4166	2.1996	13.400	13.510		59.280	69.131
35	1.3711	2.1456	13.210	13.300			68.425
30	1.3210	2.0869	12.990	13.090		58.080	67.628
25	1.2650	2.0215	12.740	12.850			66.713
20	1.2010	1.9467	12.460	12.570		56.480	65.628
18	1.1724	1.9132	12.320	12.430			65.129
16	1.1415	1.8769	12.175	12.280		55.650	64.581
14	1.1080	1.8372	12.020	12.115			63.972
12	1.0709	1.7932	11.830	11.920			63.285
10	1.0295	1.7434	11.620	11.720			62.492
9	1.0067	1.7158	11.500	11.590			62.044
8	0.9820	1.6858	11.360	11.470			61.551
7	0.9551	1.6527	11.230	11.340			61.002
6	0.9254	1.6160	11.080	11.170			60.382
5	0.8921	1.5744	10.880	10.980			59.666
4	0.8538	1.5257	10.650	10.760			58.815
3.5	0.8321	1.4979	10.580	10.640			58.318

续表

P_v,mmHg	3He	4He	平衡氢	正常氢	Ne	N₂	O₂
3.0	0.8080	1.4668	10.380	10.500			57.755
2.5	0.7810	1.4312	10.230	10.320			57.105
2.0	0.7498	1.3898	10.020	10.120			56.330
1.5	0.7124	1.3393					55.356
1.0	0.6646	1.2732					
0.9	0.6530	1.2569					
0.8	0.6405	1.2392					
0.7	0.6268	1.2194					
0.6	0.6114	1.1974					
0.5	0.5941	1.1723					
0.4	0.5740	1.1420					
0.3	0.5497	1.1062					
0.2	0.5132	1.0584					
0.1	0.469	0.9843					
0.08	0.456	0.9323					
0.06	0.439	0.9353					
0.04	0.417	0.8994					
0.02	0.384	0.8433					
0.01	0.356	0.7932					
0.005	0.331						
0.001	0.283						

说明

① 压强的 mmHg 值是指 0℃和 980.665cm/s² 时的值。

② ³He 和 ⁴He 的数据取自文献,其他由表 2-1 的公式算出。

③ 0.5～30K 的温度值均已修正到 EPT-75 值。

④ 三相点:

平衡氢(13.8044K,52.82mmHg);

正常氢(13.951K,54.04mmHg);

氖(24.559K,325.37mmHg);

氧(54.361K,1.125mmHg)。

'ITS-90'中,在 0.65～50K 温区氦蒸汽压温度计作为标准的测量工具,同时也给出了蒸汽压与温度的关系式(式 2-6)及有关多项式系数。

二、蒸汽压温度计的结构

图 2-8(a)是最简单的蒸汽压温度计,直接测量杜瓦容器液面上方的饱和蒸汽压,注意不要把压强计接在减压抽气管道上,以免沿管道的压强差而影响测温的结果,为了避免这种误差,把测压点 A 降至靠近液面的地方,如(2-8b)所示。

在一些精密测量中,常需要决定试样所处的温度,可用一完全与液池分开的蒸汽压温度计,如图(2-8c),测温包用带有小室 D 的均温铜块制作,待测样品安装在铜块上,贮气容器 E 和阀 F 供充气用,使用蒸汽压温度计时要保证测温包的温度比其他任何部分都低,为了防止连接管某些部分过冷,连接管外套一真空夹层加以防止。

蒸汽温度计内充气量不可过多,否则低温下所产生的液体过多,对温度变化反应迟缓,在温度升高时大量液体汽化易损坏压强计,事先对充气量进行估算,再在实验中予以控制室温下对系统充以稍高于 1 大气压。关阀 F,待温包冷下来后稍打开 F 阀,注视压强计指示,当压强上升停止进即可关 F 阀,此时测温包中也开始有液体凝结,D 中只要有少量液体就可以了,液体深度约 1mm,如温包温度降低于充入气体正常沸点时,则充气更加小心,可以充一点停一下以免吸入过量的气体,但也不能太少,应该保证该温度计在使用上限温度时包内仍有液体存在。

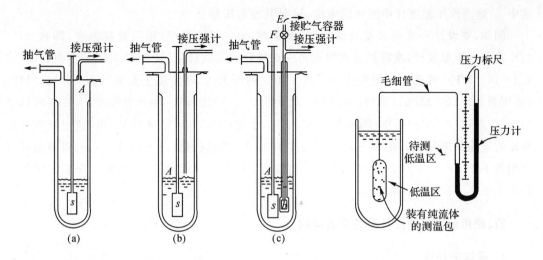

图 2-8　　蒸汽压温度计（Source：Randallf Barron，Cryogenic Systems，second Edition，p326)

表 2-10　　简易蒸汽压温度计和气体温度计灵敏比较

温度，K	O_2(90.2K)	N_2(77.3K)	H_2(20.3K)	He(4.2K)
S_g	0.36	0.34	0.27	0.25
S_v	0.75	5.0	3.3	2.0
S_v/S_g	2	15.0	12.0	8.0

图 2-8(c)的结构优点，它可以使用不纯的液化气体（如液空）作液池，虽然蒸汽压和温度对应关系不存在，但采用了温度计和液池隔离结构，测温精度不受影响，另一个优点是当测量 1K 以下温度时，此时^{4}He 的蒸汽压已很小，可用蒸汽压比^{4}He 大 100 倍的^{3}He 充入 D 中，以提高蒸汽压，故在 3.2K 以下常用^{3}He 蒸汽压温度计。

工程上常用简易蒸汽压温度计，它和简易气体温度计外形和结构都相似，因为它测量可靠，灵敏度比气体温度计高。简易蒸汽压温度计一般用波登管压力表指示压强，在室温下充气使温包内蒸汽在温度计测量范围内始终有液体存在，然后封死。

三、简易蒸气压温度计和复合温度计

由于蒸汽压温度计测量温区比较窄，要使一支充气的温度计，在小范围内作蒸汽压温度计使用，而在大温区范围内可作气体温度计使用，这样便构成了复合充气温度计，复合温度计一般都带有室温贮气室 E。

工程技术上常用的简易复合温度计常带有室温贮气室和简易气体温度计相似，为了保证蒸汽压温度计测温上限 T_U（对应的蒸汽压为 P_U）有液体存在，必须适当选择贮气室容积 V_E 和 P_0，使满足

$$P_0 \frac{V_B + V_M + V_E}{T_0} \geqslant P_u \left(\frac{V_B}{T_U} + \frac{V_M + V_E}{T_0} \right) \tag{2-34a}$$

式中 P_0 是室温 T_0 下的充气压力，在估算 V_E 时同时还要考虑到，不使冷凝的液体满出测温包 V_B，即要

$$P_0 \frac{V_B + V_M + V_E}{T_0} < \frac{R\rho_L V_B}{M} \tag{2-34b}$$

式中 ρ_L 是蒸汽压温度计中液体的密度，M 是其摩尔质量。

例如，要设计一支简易复合温度计，能精测 $20\sim25K$ 温度，粗测液氮温度，即在 $20\sim25K$ 是蒸汽压温度计，在液氮温度附近是一支复合的温度计，已知 $25K$ 时氢的蒸汽压 $P_v=3.2\times10^{-5}$MPa，可选用满量程为 6×10^{-5}MPa 的压力表，在室温下充氢气到 5×10^{-5}MPa（表压为 4×10^{-5}MPa），即 $T_0=300K$，$P_0=5\times10^{-5}$MPa，又 $T_U=25K$，$P_U=3.2\times10^{-5}$MPa，代入式(2-34a)可得 $(V_M+V_E)/V_B\geqslant19$，由 V_M 和 V_B 可估计出 V_E 值，这支温度计在 $80K$ 附近能测准到 $4K$，在 $20\sim25K$ 可测准到 $0.1K$，若选择 $(V_M+V_E)/V_B=19$，则室温充气量相当于 $P_0(V_M+V_B+V_E)=100V_B$，我们知道氢的气液体积比约 800，所以全部气体凝结约为 $1/8\ V_B$，不会溢出测温包。

四、使用蒸气压温度计应注意的问题

1. 液体的纯度

液化气体的蒸汽压和温度关系随液体的成分而变化，为了精确测温，液体的成分必须是单一的纯净液体。

由空分装置得到液氮或液氧，其纯度只有 $98\%\sim99\%$，使用过程中由于空气的凝入，液氮的纯度逐渐降低，沸点将逐渐上升如液氮中含有 5% 的液氧，沸点将上升 $0.27K$，因此，精密蒸汽压温度计所用的气源必须纯净，常经过多次低温蒸馏得到的高纯液化气体，或用化学法制作纯气体。

液氢可分正常氢和平衡氢两种，它们各自有蒸汽压与温度对应关系，但相差不很大，在沸点温度和三相点温度相差约 $0.1K$ 左右，当测温要求高于 $0.1K$ 时，常可有两种办法加以解决。

1）温包内加入少量的正—仲氢转换催化剂，如氢氧化铁胶（称 F_3 催化剂），一小时后，正常氢可全部转化为平衡氢。

2）没有催化剂的液氢自然转化很慢，在几小时内刚液化的氢或从室温充到温包中的氢，可按正常处理，沸点变化率约为 $0.004K$/小时。

2. 液体温度的均匀性

低温液体热导率都很低（除超流体以外）。不搅拌或其他等温办法，液体内存在着温度梯度，降低蒸汽压或提高蒸汽压，使液体深度上下之间温差较大。

第五节　电阻温度计

'ITS-90'规定铂电阻温度计为 $13.8033K\sim961.78℃$ 温区的标准测温仪器，随着温度的降低，铂电阻温度计电阻值和灵敏度不断减小，以致在 $13.80K$ 以下不能作标准仪器应用，如改用铑铁合金电阻温度计，其下限可延伸到 $0.1K$，与之相反，半导体温度计具有负的温度系数，而且在一定温度范围内近似指数关系 $R\propto e^{B/T}$。它在低温下有高灵敏度。

电阻温度计的特点是测温精确度高、灵敏度高、稳定性好、信号输出大，便于测量和远距离传输，和它配套的仪表也比较成熟，是目前温度测量中主要使用的温度计。

一、金属电阻温度计

纯金属的电阻,通常可用马西森(Matthiessen)法则表示:

$$R = R_r + R_i(T) \tag{2-35}$$

式中 R_r 为剩余电阻,导体中电子被杂质散射引起的,它和温度无关,决定于金属的纯度;$R_i(T)$ 为理想电阻,电子被晶格热振动散射引起的,它和温度有关,温度较高时,晶格振动大,散射电子能力大,电阻也大,大多数金属 $R_i(T)$:当 $T > \theta_D/2$ 时,$R \approx R_i(T) \propto T$,电阻和温度近似呈线性关系,$\theta_D$ 为德拜温度;当 $T < \theta_D/10$ 时,$R_i(T) \propto T^n$,其中取 $2 < n < 5$;在 θ_D 几十分之一的低温下,$R \approx R_r$,它只依赖于杂质和缺陷的种类和数量,与温度无关,于是可用 $R_i(T)/R_r$ 来衡量金属的纯度,可用室温和液氦温度下电阻比值 $R(273)/R(4.2)$ 来表示,'ITS-90'规定,

$$W(29.7646℃) = R(Ga)/R(0.01℃) \geqslant 1.11807$$

或

$$W(-38.8344℃) = R(Hg)/R(0.01℃) \leqslant 0.844235$$

来表示金属的纯度,铂电阻温度计的电阻与温度关系如图 2-5 所示。

虽然大多数属(导体)的电阻随温度变化而变化,然而并不是所有金属都能作测温的热电阻,必须要有较大的相对灵敏度,其定义如下:温度变化 1 度时电阻值相对变化量,用 α 表示,单位 1/K。

$$\alpha = \frac{dR/R}{dT} = \frac{1}{R}\frac{dR}{dT} \tag{2-36}$$

α 也称为电阻温度系数,电阻相对灵敏度并非常数,不同温度有不同的数值,如图 2-9 所示。

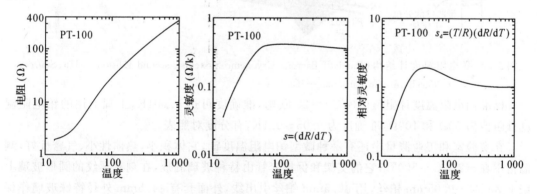

图 2-9 铂电阻温度计电阻、灵敏度、相对灵敏度与温度关系

作为电阻温度计的纯金属必须具备如下的性质:

(1) 在较高温度时,电阻尽可能与温度呈线性关系,这会使定标方程修正工作变得简单。

(2) 金属的德拜温度 θ_D 尽可能低,以使在较低温度下仍有较高灵敏度。

(3) 金属必须很纯,在很大温区范围内可消除杂质对 $R_i(T)$ 的影响。

(4) 必须有好的化学惰性和高的电阻稳定性,定标方程校正一次可以使用很久,且不受冷热反复的影响。

（5）易于机械加工，可以拉丝和绕成所需要的形状。

金属铂满足了大部分的要求，$\theta_D = 225K$，直到 13K 附近仍有较大的电阻温度系数，铂的纯度可达 99.999％以上，$W(Ga) \geqslant 1.11807$，物理化学稳定性很好，因此国际权度大会决定采用铂电阻温度计作为标准的测温仪器之一。

（一）铂电阻温度计

1. 铂电阻温度计的结构

铂电阻温度计的结构如图 2-10 所示，通常把直径 $\phi 0.05 \sim 0.5mm$ 的高纯铂丝［W(29.7646℃)$\geqslant 1.11807$］先绕成螺旋状，然后再双绕在石英扭转带或刻有凹槽的云母十字架上，也可以自由地悬在硬质玻璃 U 型管中，四根铂引线和电阻两端相连，洗净后装入铂壳中，铂壳在 450℃退火、老化，以消除铂丝的内应力，抽空并在壳内充以少量干燥氮气（其中含有充分的氧，以便铂中氧化物质稳定）再密封。

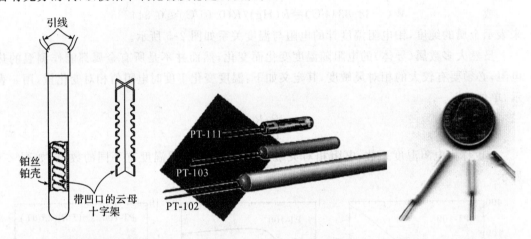

图 2-10　铂电阻温度计结构（Randallf Barron, Cryogenic Systems, second Edition, p316、Source：www. lakeshore. com pt100plat. pdf）

标准铂电阻温度计阻值 $R(0℃) = 25$ 欧姆，准确度可达 0.001K，工程上用的铂电阻温度计阻值为 50Ω 和 100Ω，准确度为 0.05～0.1K，有分度对照表。

在实验室和工业测量中还有一种微型铂电阻温度计，它体积小，热惯性小，气密性好，测温范围在 $-200℃ \sim 500℃$，它的支架和保护套管由特种玻璃制成，在刻有螺纹的圆形玻璃上绕上 $\phi 0.04 \sim 0.05mm$ 铂丝，用 $\phi 0.5mm$ 铂丝引出线，外面套有 $\phi 4.5mm$ 外径特殊玻璃作保护套管，长为 25mm。

在瞬间温度和表面温度测量中，薄膜温度计有更大的优点。它用腐蚀成栅状铂金属膜粘贴在塑料底板上（或用在塑料上镀膜）制成薄膜电阻温度计，它的形状和电阻应变片相仿，测温时粘贴在被测物体上，这种温度计热容量小，反应极快，故可用于瞬态测温，这种膜片也可用金属镍制作，成为镍薄膜电阻温度计。

2. 铂电阻温度计的分度

标准的铂电阻温度计按《ITS-90》分度比较复杂，一般实验室也难于实现，但可以在水三相点和 Ga 熔点测出电阻值 $R(0.01℃)$ 和 $R(29.7646℃)$，求出 $W(29.7646℃)$（应不小于 1.11807），下面介绍几种简单的方法。

表 2-11　高纯铂的 Z 函数

$$Z(T)=\frac{R(T)-R(4.2)}{R(273)-R(4.2)}$$

$T(K)$	$10^6 Z$	$10^6 \Delta Z/\Delta T$ (K^{-1})	$T(K)$	$10^6 Z$	$10^6 \Delta Z/\Delta T$ (K^{-1})	$T(K)$	$10^6 Z$	$10^6 \Delta Z/\Delta T$ (K^{-1})
11	356.0	近似值	33.0	22812	2242	130	414253	4232
11.5	422.0		34.0	25111	2356	135	435376	4218
12	496.0		35.0	27523	2468	140	456531	4204
12.5	581.0		36.0	30045	2576	145	477420	4191
13	677.0		37	32674	2681	150	498346	4179
13.5	785.0		38	35406	2783	155	591213	4169
14	908.7	256	39	38238	2880	160	540025	4157
14.5	1043.5	284	40	41166	2974	165	560783	4147
15	1192.9	314	42	47293	3151	170	581490	4138
15.5	1358.2	247	44	53758	3311	175	602150	4127
16	1540.4	382	46	60528	3456	180	622765	4118
16.5	1740.3	418	48	67572	3586	185	643335	4110
17	1958.9	457	50	74862	3701	190	663864	4102
17.5	2197.2	497	52	82368	3803	195	684352	4094
18	2456.2	539	54	90065	3892	200	704802	4086
18.5	2736.7	583	56	90929	3970	205	725213	4079
19	3039.7	629	58	105937	4037	210	745588	4071
19.5	3366.1	677	60	114071	4095	215	765927	4064
20	3716.7	726	65	134839	4205	220	786230	4057
21	4493.6	829	70	156050	4274	225	806499	4050
22	5376.0	937	75	177535	4316	230	826733	4043
23	6368.3	1049	80	199174	4337	235	846933	4037
24	7474.2	1164	85	220881	4344	240	867099	4030
25	8696.8	1282	90	242600	4342	245	887232	4023
26	10038.0	1401	95	264293	4334	250	907333	4017
27	11500.0	1522	100	285935	4322	255	927401	4011
28	13083.0	1644	105	307511	4308	260	947439	4005
29	14788.0	1766	110	329014	4293	265	967447	3999
30	16615.0	1887	115	350439	4277	270	987427	3993
31	18562.0	2007	120	371787	4262	273.15	1000000	3990
32	20628.0	2126	125	393058	4247			

（1）Z 函数法

对于一般低温温度计的电阻，从式(2-35)可以引进一个和杂质含量无关的 Z 函数，即

$$Z(T)=\frac{R(T)-R_r}{R(T_0)-R_r}=\frac{R(T)-R(4.2)}{R(273)-R(4.2)} \tag{2-37}$$

它对同种金属温度计近似相等，贝塞尔(Besley)等对 50 支铂电阻温度计进行计算得到 $T\sim Z(T)$ 表及灵敏度($\Delta Z/\Delta T$)关系(表 2-11)。测温前先在 $T_0=273K$ 和 4.2K 测得 R_{273} 和 $R_{4.2}$ 的值，只要测得未知温度 $R(T)$ 就可算出对应的 T，此法分度误差不大于 0.05K。

（2）标准铂电阻温度计比对法

用已分度的标准铂电阻温度计在低温恒温器中来分度（标定）未分度的铂电阻温度计，逐点比对，操作比较繁琐，在几十个温度点测电阻比 W_s（标准温度计）和 W_x（待分度温度计），作出 $\Delta W = W_s - W_x$ 的曲线，由此可得到 W_s-T 关系。

（3）公式法分度

在氧沸点（90.2K）以上，铂电阻温度计的电阻可用下列多项式表示 Callendar-van Dusen equation (Source：Randall F. Barron，Cryogenic Systems，second Edition，p316)：

$$R_e = R_0[1 + At + Bt^2 + C(t-100)t^3] \tag{2-38}$$

其灵敏度：

$$S_0 = \frac{\mathrm{d}R_e}{\mathrm{d}T} = R_0[A + 2Bt + Ct^2(4t - 300)] \tag{2-39}$$

只要在几个已知固定点校正，求出常数 A、B、C，其中

$A = 3.946 \times 10^{-3}℃^{-1}$；$B = -1.108 \times 10^{-6}℃^{-2}$；$C = 3.33 \times 10^{-12}℃^{-4}$。

由于 B、C 值很小，温度计在 90.2K 以上灵敏度实际上为常数。

［例 2-4］ 一支铂电阻温度计在某一温度时其阻值 38.6Ω，若此温度计在 0℃ 时，$R_0 = 100Ω$，求此时的温度（假设该温度计的电阻符合方程式 2-38）。

要从式 2-38 中求出温度必须解 t 的四次方程，这是比较麻烦的，但我们考虑到常数中 B、C 值都很小，可用逐次逼近的数学近似法求得温度 t，先暂不考虑 B、C 项，可求得一级近似温度 t_1，则式（2-38）变成：

$$R_e = R_0(1 + At_1)$$

$$\frac{R_e}{R_0} = \frac{38.6}{100} = 0.386，求得 \quad t_1 = \frac{0.386 - 1}{3.946 \times 10^{-3}} = -155.60℃$$

为了获得更精确的温度，把方程式（2-38）改写成如下形式：

$$\frac{R_e}{R_0} - 1 - At = Bt^2 + C(t-100)t^3$$

把已求得一级近似值 $t_1 = -155.60℃$ 代入方程的右边，得

$$Bt_1^2 + C(t_1 - 100)t_1^3 = -1.108 \times 10^{-6} \times (-155.60)^2 + 3.33 \times 10^{-12} \times (-155.60 - 100)$$
$$\times (-155.60)^3 = -0.02362$$

二级近似温度 t_2：

$$\frac{R_e}{R_0} - 1 - At_2 = -0.02362 \Rightarrow t_2 = -149.61℃$$

用 t_2 代入式右边：

$$Bt_2^2 + C(t_2 - 100)t_2^3 = -1.108 \times 10^{-6} \times (-149.61)^2 + 3.33 \times 10^{-12} \times (-149.61 - 100)$$
$$\times (-149.61)^3 = -0.02202$$

三级近似温度 t_3：

$$\frac{R_e}{R_0} - 1 - At_3 = -0.02202 \Rightarrow t_3 = -150.02℃$$

用 t_3 代入式右边：

$$Bt_3^2 + C(t_3 - 100)t_3^3 = -1.108 \times 10^{-6} \times (-150.02)^2 + 3.33 \times 10^{-12} \times (-150.02 - 100)$$
$$\times (-150.02)^3 = -0.02212$$

四级近似温度 t_4：

$$\frac{R_e}{R_0}-1-At_4=-0.02212\Rightarrow t_4=-149.99℃$$

用 t_4 代入式右边：

$$Bt_4^2+C(t_4-100)t_4^3=-1.108\times10^{-6}\times(-149.99)^2+3.33\times10^{-12}\times(-149.99-100)$$
$$\times(-149.99)^3=-0.02212$$

五级近似温度 t_5：

$$\frac{R_e}{R_0}-1-At_5=-0.02212\Rightarrow t_5=-149.99℃$$

灵敏度：

$$S_0=\frac{\mathrm{d}R_e}{\mathrm{d}T}=R_0[A+2Bt+Ct^2(4t-300)]$$

$$S_0=\frac{\mathrm{d}R_e}{\mathrm{d}T}=100\times[3.946\times10^{-3}$$
$$-2\times1.108\times10^{-6}\times(-149.99)$$
$$+3.33\times10^{-12}\times(-149.99)^2\times(-149.99\times4-300)]$$
$$S_0=0.4211Ω/℃$$

二级和三级近似温度只差 0.5℃，若需要更精确些还可连续算下去，电阻温度计电阻 38.6Ω，对应的温度为 -149.99℃。

（二）铟电阻温度计

铟的德拜温度为 $\theta_D=110K$，比铂要低得多，因此用超纯铟制成的温度计在低温下有高的灵敏度，这种温度计在 4.2～15K 范围内相对灵敏度比铂高十倍，可以用到金属铟超导转变温度（3.4K）附近。

1. 铟电阻温度计的结构和制作

铟电阻温度计的结构和制作方法与铂电阻温度计相类似。温度计的骨架可用陶瓷、石英、云母、玻璃，也可以用铜骨架涂上几层电绝缘胶。电阻温度计的铟丝纯度应高于 99.999%。制成铟丝前先将金属铟在真空中熔化，然后放入拉丝模以免产生氧化膜。温度计的感温元件可用 ϕ0.07mm 或 ϕ0.1mm 的铟丝制成，用双绕法固定在坚固的骨架上。装配之前温度计先用酒精清洗，然后置于铜套管内，抽真空 2 小时，并稍加热到 50℃ 左右，套管内充入 150mmHg 的纯氦气后密封。温度计制成后在 100℃ 下退火 3 小时。

2. 铟电阻温度计的性能

在低温下铟的晶格振动相当平稳。铟有较低的德拜特性温度。铟可以得到很高的纯度。可在 4.2～290K 的温度范围测量。

由于铟的熔点为 156.5985℃，所以对铟来说室温已经是相当高了。铟电阻温度计经过五次液氢（或液氦）至室温间的冷热循环后 $R(0℃)$ 值就稳定了。尽管铟有质软、易变形、难以拉成细丝、晶体结构上有些各向异性等缺点，但仍具有作为温度计所要求的复现性。铟作为测温元件还有一个严重的缺点，就是用同一轴铟丝制成的铟电阻温度计电阻值相差很大，因此不能普遍使用。铟电阻温度计只能用作工业上的测量，不可能作为标准温度计。

3. 铟电阻温度计的电阻和温度关系式

计算铟电阻温度计的电阻和温度关系有两种方法：

(1) 怀特(White)建议使用的公式

$$R = A + BT^5 \qquad (2-40)$$

式中的 A 和 B 为常数。在液氦温区准确度仅为 ±0.2K。这样低的准确度显然是不够的。

(2) 应用 Z 函数计算电阻与温度关系

在 13.81～300K 的温度范围，可选择一支性能较好的铟电阻温度计作为标准温度计，由标准铂电阻温度计按 1968 年国际实用温标进行分度。在 4.221～13.81K 的温度范围可由标准铑铁电阻温度计按 1976 年 0.5K～30K 暂行温标分度。在氦沸点和 0℃ 两个温度定标得出一支标准铟电阻温度计的 Z_S 函数。

$$Z_S = \frac{W_S(T) - W_S(4.221K)}{W_S(273.15K) - W_S(4.221K)} \qquad (2-41)$$

被分度的铟电阻温度计电阻比的计算方法和工业用铂电阻温度计一样。

(三)铜电阻温度计

铜的德拜温度比较高($\theta_D = 310K$)，也容易提纯，在室温下电阻温度系数也比较大，一般在 -50℃ 至 +200℃ 几乎呈线性关系，价格便宜，工业和实验室用的铜电阻温度计已能测到 -200℃。但在高温时易氧化，限制了较高温度下的使用，在低温下灵敏度较低、电阻率较小($\rho = 0.017\Omega\text{mm}^2/\text{m}$)要绕成一定值的电阻，体积较大。因此它的普通使用范围为 -50℃～ +100℃。

1. 铜电阻温度计的结构和制作

铜电阻温度计的结构和制作方法和铟电阻温度计相类似，但制造比较简单。感温元件可用直径为 0.04～0.05mm 的漆包绝缘铜导线，无应力双股绕在一段薄的紫铜管做的骨架上。这样，由于金属相同，在低温下相互收缩的差别很小，骨架外表面涂上一层清漆或涂上绝缘胶。铜电阻温度计还可用直径为 0.1mm 的电工铜导线制成感温元件，在 0℃ 时电阻为 100Ω，比阻 $\dfrac{R(100℃)}{R(0℃)} = 1.4282$。制造铜电阻温度计的工艺规定：感温元件要在 150℃ 下退火 500 小时，在液氮温度下经历 100 小时的老化后铜电阻温度计的电阻就稳定了。电阻值 $R(℃)$ 的变化不超过 0.03Ω，温度计就可以使用了。

2. 铜电阻温度计的性能

铜电阻温度计的电阻比与电阻温度系数随温度的变化在温度低至 30K 时电阻已经很小。

铜电阻温度计的优点是价格便宜，制造简单，容易获得足高的纯度，有比较高的电阻温度系数($\alpha = 4.28 \times 10^{-3}$)，并在 -50℃ 至 +200℃ 的温度范围内电阻温度关系成线性。铜电阻温度计的缺点是比阻低，在高温时容易氧化。铜的德拜温度 $\theta = 342.0K$，比铂的高，因此在低温下铜电阻温度计的灵敏度比铂的低，故铜电阻温度计一般只是用来测量低至 73K(-200℃) 的温度。

3. 铜电阻温度计的电阻和温度关系式

最简单的换算方法是(Nemst Matthiessen)的方法。这种方法的换算方程和铂电阻温

度计相同,即

$$W^x(T) = W^s(T) + M_x[1 - W^s(T)] \tag{2-42}$$

式中的 $W^x(T)$ 为被分度的铜电阻温度计的比阻。

$$W^x(T) = \frac{R(T)}{R(0℃)}$$

$$M_x = \frac{W^x(T) - W^s(T)}{1 - W^s(T)} \tag{2-43}$$

$W^x(T)$ 可由氧沸点附近的温度分度而得;$W^s(T)$ 表示标准铜电阻温度计在温度 T 时的比阻。

克拉勾(Cragoe)研究铂电阻温度计时,提出的 Z 函数也可以用来计算铜的电阻和温度关系:

$$Z^s = \frac{W^s(T) - W^s(4.2K)}{W^s(273K) - W^s(4.2K)}$$

$$\approx Z^x = \frac{W^x(T) - W^x(4.2K)}{W^x(273K) - W^x(4.2K)} \tag{2-44}$$

式中的 Z^s 和 Z^x 分别表示标准铜电阻温度计和被分度的铜电阻温度计的 Z 函数;$W^x(T)$ 为温度计在温度 T 时的比阻;$W^x(273K)$ 和 $W^x(4.2K)$ 分别表示温度计在 0℃(273.15K)和氦沸点(4.221K)的比阻。用同样的铜线制造的不同温度计,它们的 $\dfrac{W^x(T) - W^x(4.2K)}{W^x(273K) - W^x(4.2K)}$ 值的相互偏差小于 0.1K。

实验室或工程测量使用铜线制作出的温度计选择其中最好的一支作为标准温度计,在 13.81~300K 温度范围由铂电阻温度计按 1968 年国际实用温标进行分度。在 4.221~13.81K 的温度范围按 1976 年 0.5K 至 30K 暂行温标分度。在氦沸点和 0℃ 两个温度定标得出一支标准铜电阻温度计的 Z_S 函数。

被分度的铜电阻温度计也在氦沸点和 0℃ 两个温度定标,按式(2-44)算出温度计的电阻和温度关系。

二、合金电阻温度计

金属元素的电阻温度计要求材料愈纯愈好。合金的电阻性质与很不纯的金属元素类似,大多数合金的总电阻率比各组成元素的固有电阻率大得多。但合金对温度的敏感性很差,原因是热振动引起的散射与晶格上混乱分布的不同原子半径的原子散射比较起来是很小的。一般来说,合金对温度的变化是不灵敏的。但是也有例外的情形,纯金属掺入微量磁性金属组成的合金会出现一些反常现象。例如在低温下出现电阻极小值,这是很早就发现的电阻极小现象。但是在铑、铂等贵金属中加入微量的铁、钴等磁性金属,在极低温度下其电阻与温度关系会表现出与纯金属稍有不同的特性。微量杂质的作用使合金具有很大的正电阻温度系数。发现含 0.5% 原子比的铑铁合金在 20K 以下一直到 0.3K 有很好的线性关系。因此,铑铁合金可以制成一种很有用的低温温度计,其使用范围从室温往下延伸至 0.5K。特别是在 0.5K 至 20K 的温度范围比铂电阻温度计优越。铂钴电阻温度计也是一种合金电阻温度计,其原理和铑铁电阻温度计类似,但铑铁电阻温度计的性能稍好些,铑铁电阻温度计在低温工程和实验室中普遍使用。锰铜和康铜可作为温度计和控温元件,但精度较低。含铅的黄铜合金作为电阻温度计可以 1.8K 至 7K 温度范围使用。

(一)铑铁电阻温度计

1. 铑铁电阻温度计的结构和制作

实验室用的铑铁电阻温度计的结构如图 2-11(a)所示。

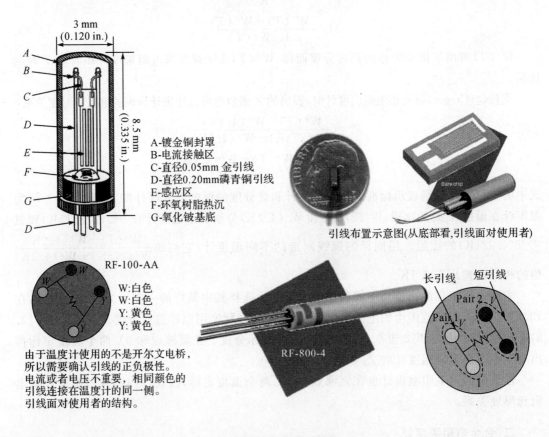

A-镀金铜封罩
B-电流接触区
C-直径0.05mm 金引线
D-直径0.20mm磷青铜引线
E-感应区
F-环氧树脂热沉
G-氧化铍基底

引线布置示意图(从底部看,引线面对使用者)

RF-100-AA

W:白色
W:白色
Y:黄色
Y:黄色

由于温度计使用的不是开尔文电桥,
所以需要确认引线的正负极性。
电流或者电压不重要,相同颜色的
引线连接在温度计的同一侧。
引线面对使用者的结构。

(a)铑铁电阻温度计结构

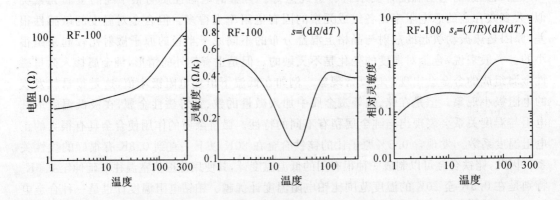

(b) 铑铁电阻温度计电阻、灵敏度、相对灵敏度与温度关系

图 2-11

在制造温度计时最好使用具有高电阻值的铑铁，并在无应力状态下封装。封装的方法与铂电阻温度计类似。铑铁电阻温度计有两种规格：一种叫 U 型，铂套管长 3cm，4.2K 时电阻约 3.5Ω。在 20K 和 273.15K 时分别上升到大约 6Ω 和 50Ω；另一种叫 W 型，铂套管长约 5cm，电阻值约为 U 型的两倍。

铑铁电阻温度计的结构是将直径为 0.05mm 的铑铁丝绕成螺旋状装入 4 个玻璃小管（图 2-12 只示出两个），铑铁丝两端焊上铂丝制成电流和电压引线。引线直径均为 0.3mm。组件在真空中在 750℃ 温度下退火 2 小时，消除应力，减少电阻率与温度无关的部分与提高灵敏度。退火完全的铑铁丝在 4.2K 和 293K 的电阻率的比率大约是 0.08。退火后再装入铂套管并由一个玻璃泡连接，充入大约 1/3 大气压的氦气后封死。

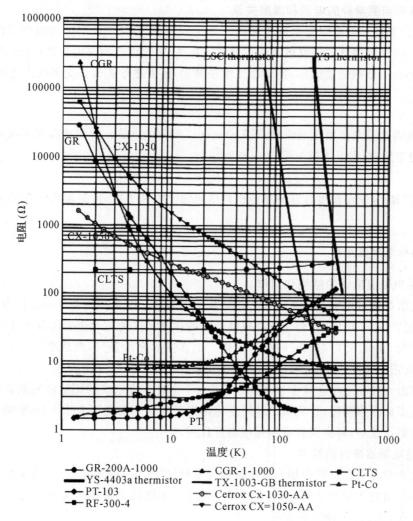

图 2-12　几种电阻温度传感器的电阻温度曲线

Source：Cryogenic temperature sensor and instrumentation overview，Lakeshore，CEC/ICMC1999

2. 铑铁电阻温度计的性能

铑铁电阻温度计适用于在 0.32～40K 温度范围内作精密测量用。强磁场对铑铁合金影响不是很大,在10kOe磁场强度下电阻只产生百分之一的变化。铑铁电阻温度计的短期复现很好,其部分原因显然与接触电阻影响不大有关。铑铁电阻温度计的长期稳定性较差,应力的产生、室温下的退火、铑铁的扩散,都会引起铑铁电阻率的变化。电阻率的变化是增加还是减少无法预知,经过长时间的观察,发现有些铑铁电阻温度计的电阻每年约以 $5 \times 10^{-6}\Omega$ 的速率减少,相当于每年降低 0.1mK 的温度。铑铁电阻温度计缺点是:即使是用同一批材料做的两个温度计,其电阻比也不是完全相同的。

电阻温度计的一个重要参数是相对灵敏度,其定义是:温度的微小变化引起的电阻的变化用电阻来除, $\frac{1}{R}\frac{dR}{dT}$ 来表示。灵敏度是 $\frac{dR}{dT}$。

3. 铑铁电阻温度计的电阻和温度关系

铑铁电阻温度计的电阻随温度变化的关系比较简单,在 2.6～20K 的温度范围内可用气体温度计、声学温度计或磁温度计进行分度。在 21 个温度点测得的数值可用八阶的切比雪夫(Chebyshev)级数近似表示,用最小二乘法处理,由下述形式的正交多项式进行拟合:

$$T = \sum_{j=0}^{n} a_j F_j(x) \tag{2-45}$$

式中的 a_j 为切比雪夫多项式的系数;$F_j(x) = \cos(j\cos^{-1}x)$ 是 n 阶切比雪夫多项式的项;x 是电阻 R 的变量,根据下式把电阻 R 变换为 x。

$$x = [(R - R_t) - (R_u - R)]/(R_u - R_t) \tag{2-26}$$

式中的 R_u 和 R_t 分别是温度计在分度范围内电阻值上限和下限;R 是温度计在温度 T 时的电阻值。

(二)铂钴电阻温度计

1. 铂钴电阻温度计的结构和制作

铂钴电阻温度计的结构和铂、铑铁电阻温度相类似。把直径为 0.1mm、长为 1.1m 铂钴(即铂+0.5%原子比的钴)合金丝绕成螺旋状的感温元件无应力地缠在石英骨架上,最后封装在直径为 5mm、长为 40mm 的铂套管内。抽真空后充入氦气,然后密封。制作铂钴合金材料,要求铂的纯度达 99.999%,加入 0.5%原子比的钴的纯度要求达 99.99%。在封装之前铂钴感温元件在干净空气中于 700℃下退火 6 小时。将制成的铂钴电阻温度计从室温至液氮温度多次冷热循环,直到 $R(℃)$ 的变化相当于温度的变化不大于±1mK 时,这样,温度计才算是制作成功,可供实验室作标准温度计用。

2. 铂钴电阻温度计的性能

铂钴合金是在贵金属铂中加入微量磁性元素钴(即 0.5%原子比的钴)合金化而成。在 40K 以上铂钴稍低于铂的灵敏度,但是低于 30K 时,铂钴的灵敏度大大高于铂。所以铂钴电阻温度计在 30K 以下较铂更有利。

铂钴电阻温度计在 0℃时,电阻 $R(℃) \approx 100\Omega$,在液氦温度时,$R(4.2K) \approx 7\Omega$;在液氢温度时,$R(20K) \approx 9\Omega$。在 40K 以下的温度,铂钴的电阻比铂大很多。且铂钴电阻温度计的电阻和温度关系是线性的。

3. 铂钴电阻温度计的电阻和温度关系式

对铂和含 0.5%原子比的铂合金电阻温度计进行的研究表明,温度计有较好的电阻温度关系特性。在 $2.9\sim26.5\mathrm{K}$ 的温度范围可使用如下的经验公式：

$$W(T)=A_0+A_1T'+A_2T'(A+B_1T'+B_2T'^2) \tag{2-47}$$

式中 $W(T)=\dfrac{R(T)}{R(0℃)}$，$R(T)$ 和 $R(0℃)$ 分别表示铂钴电阻温度计在温度为 T 和 $0℃$ 时的电阻；

$$T'=T-11.732\mathrm{K}; A_0=7.7510\times10^{-2}; A_1=8.6680\times10^{-4};$$

$$A_2=2.8377\times10^{-6}; B_1=-2.3167\times10^{-2}; B_2=1.4370\times10^{-5}。$$

三、半导体电阻、碳电阻和热敏电阻温度计

金属电阻温度计随温度的下降，电阻值越来越小，直到 $10\mathrm{K}$ 附近，不但阻值很小，而且灵敏度（$\mathrm{d}R/\mathrm{d}T$）也变得很小，无法使用，而半导体温度计则相反，在一定温度范围内其值随温度的下降反而上升，近似地成指数关系 $R_T=Ae^{B/T}$，A、B 为常数，更重要的是测量灵敏度增加，$\dfrac{\mathrm{d}R}{\mathrm{d}T}=-\dfrac{B}{T^2}Ae^{B/T}=-aAe^{B/T}$，$a=\dfrac{B}{T^2}$，温度降低 a 增大，并且电阻值大易于测量，对测量仪表要求可以降低，因此，在 $20\mathrm{K}$ 以下半导体温度计用得比较广泛，另一个优点，半导体温度计可以做得很小，热容也小，最常用的是锗电阻温度计，图 2-12 为某些类型电阻温度计和铂电阻温度计温度曲线。

(一)半导体电阻温度计

纯锗（Ge）材料，在低温下电阻太大，电阻温度系数也小，不能用来做温度计，一般要掺入少量的杂质，如锑、砷、铟等，掺杂密度大 $10^{17}\sim10^{18}\mathrm{cm}^{-3}$。

锗电阻温度计使用范围从 $0.015\sim100\mathrm{K}$ 温区，在 $10\mathrm{K}$ 以下灵敏度很高，$30\sim40\mathrm{K}$ 以上灵敏度较低，$30\mathrm{K}$ 以上测温一般仍使用铂电阻温度计，锗电阻温度计电阻—温度关系很复杂但重复性很好，仔细研制的锗电阻温度计稳定性在 $7\mathrm{mK}$ 以内。

锗电阻温度计的结构如图 2-13 所示，掺杂的锗单晶切成"π"型薄片，称为"锗桥"，在锗桥每端焊一根金引线，装在金属壳内充以氦气后密封，成了锗电阻温度计。

由于锗电阻温度计—电阻—温度关系复杂，而且各支温度计一致性很差，因此要逐支分度，这是锗电阻温度计的主要缺点，但分度以后可以长期使用。

对于标准锗电阻温度计分度较复杂，在 $2-20\mathrm{K}$ 温区内要有分度点，在 $2-40.7\mathrm{K}$ 温区要有 35 个分度点，这样标准误差可在 $1\mathrm{mK}$ 以内，对于实用锗电阻温度计，精度在几—十几毫开可用一些近似公式内插，其中有：

$$\log R=\sum_{i=0}^{n}A_i(\log T)^i \tag{2-48}$$

$$\log T=\sum_{i=0}^{n}B_i(\log R)^i \tag{2-49}$$

$$T=\sum_{i=0}^{n}C_i(\log R)^i \tag{2-50}$$

$$T^{-1}=\sum_{i=0}^{n}D_i(\log R)^{-i} \tag{2-51}$$

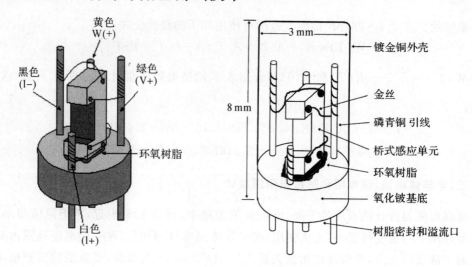

图 2-13　锗电阻温度计的结构

$$\log T = \sum_{i=0}^{n} E_i (\log R)^{-i} \tag{2-52}$$

$$T = \sum_{i=0}^{n} E_i (\log R)^{-i} \tag{2-53}$$

$$\log R T^{12} = \sum_{i=0}^{n} G_i (\log R)^i \tag{2-54}$$

$$T^{1/4} \log R = \sum_{i=0}^{n} H_i (\log R)^i \tag{2-55}$$

其中 A_i、B_i……H_i 等均为待定系数，例如在 1.4－20K 温区，用 $i=9$ 的式(2-48)，可使 $\Delta T/T < \pm 3 \times 10^{-4}$，在 15－110K 温区，用 $i=6$ 的式(2-48)，可使 $\Delta T/T < \pm 4 \times 10^{-4}$，具体数据与温度计性能有关。

锗电阻温度计受磁场影响较大，$\Delta R/R \propto H^2$，系数大小决定于掺杂程度，一般 1 万高斯以下变化百分之几。

由于温度计在低温下阻值大，测量时要注意测量电流引起温度计的自热，1K 时用0.5 μA，20K 时用 100μA，功率损耗在 10^{-7}W 左右。

（二）碳电阻温度计

严格地说，碳电阻不是半导体，但这种温度计具有半导体那样的负温度系数，实际上，石墨晶体具有很强的各向异性，沿六角轴方向上为导电性质差的金属，而垂直六角轴主向为半导体，碳电阻由微小石墨颗粒(200 目左右)压紧后烧结而成，杂质以及颗粒间接触对温度计性质有很大影响，它的主要缺点是不稳定性，经过低温到高温冷热循环后，阻值会发生变化，下次使用应重新分度，但碳电阻有突出的优点，仍广泛地应用于低温测量中。

1. 电阻的电阻值具有负温度系数，低温下电阻值反而增大，灵敏度也增加，可用于 30K 至毫开温区的测量。

2. 虽然使用一次要校正一次，但它的 R-T 关系比较简单，只要校正 1 到 3 个点即可，对于 Allen-Bradley 碳电阻可用下式表示。

$$\log R + k/\log R = A + B/T \tag{2-56}$$

式中k、A、B可用氢沸点，^{4}He和λ点来确定，其精度可达0.5%，很多碳电阻采用两常数公式：

$$\log R = a + b\left(\frac{\log R}{T}\right)^{\frac{1}{2}} \tag{2-57}$$

对于10Ω，1/2W，Allen-Bradley碳电阻，在5～25K温区用式(2-57)精度可达0.4%。

3. 受磁场影响小，如在1万高斯磁场中只改变万分之一，可以在高磁场中工作，尤其是目前发展的低温超导强磁场，这个优点较为突出。

4. 制作简单，和生产无线电用的碳电阻一样，微小颗粒石墨经压制烧结而成，美国的Allen-Bradley和Sepeer公司生产碳电阻可用于低温测量，前者适用于0.5K以上，而后者适用于1K以下的测量，我国RS-11型碳电阻也可用作30K以下的测温，在4.2K时重复优于0.1K。

碳电阻热导较差，测量电流产生的焦耳热很容易在温度计内造成温度梯度，以致阻值受测量电流的影响，因此测量电流要小，4K以下为$10\mu A$，同时，改变温度后要有一定的热平衡时间，如1瓦的碳电阻，在3K时热平衡时间为5秒。

无线电的碳电阻元件常常封在磁壳里，不利于传热，我们可将它磨去，然后绕上绝缘铜线，并用漆固定，将铜线的一端焊到装置上传热就会得到改善。

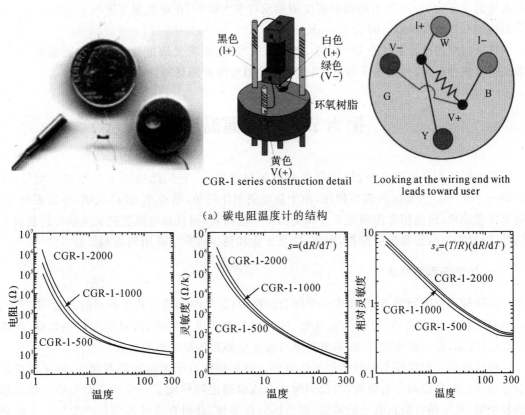

（a）碳电阻温度计的结构

（b） 碳电阻温度计电阻、灵敏度、相对灵敏度与温度关系

图2-14

作为对碳电阻的改变,出现了一种碳玻璃电阻温度计(CGR)或称渗碳玻璃温度计,先制成多孔(孔径为 40Å)和高氧玻璃,浸在有机溶剂中,使其孔内充满有机溶剂,然后真空烧结,使高纯碳沉积在玻璃内,便成为导电的玻璃,这种玻璃的电阻率随温度下降而增大,它在氦温度下的复现性好于 5mK,在 4.2K 附近的灵敏度 dR/dT 约为 $1200\Omega/K$ 左右,在 $0.65\sim325K$ 之间电阻—温度曲线是单调的,因此,只要通过几个点就可以得到较好的电阻—温度曲线,使分度工作简化,或采用下述的公式:

$$\frac{\log R}{T} = A + B\log R + C(\log R)^2 \tag{2-58}$$

式中 A、B、C 为常数,R 为碳玻璃温度计的电阻,T 为绝对温度,只要在三个已知温度下测得不同的 R 值,便确定了 A、B、C 的值。

(三)热敏电阻温度计

热敏电阻是采用铜,锰和各种过渡金属氧化物(Mn、Ni、Cu、Fe、Co)作原料,在 1000℃ ~1300℃高温下烧结而成的多晶半导体,它在某一温区内电阻—温度关系近似为

$$R = AT^{-c}e^{B/T} \tag{2-59}$$

式中 A、B、C 是常数,为了得到低温下电阻值不致过高的热敏电阻,必须制备低 B 值的材料,用 Mn、Ni、Cr 掺入 La 元素后可以制成低温用的热敏电阻,这种温度计受磁场影响小,在液氢温度下,$10KG_S$ 以上磁场对温度测量没有多大影响,在液氦温度下小于 $10KG_S$ 磁场,其影响为 0.2mK,$10KG_S$ 时为 1.5mK。

热敏电阻温度计的优点是尺寸小,低温灵敏度高,磁场灵敏度低,价廉、热接触好,但一般来说复现性较差,使用温区较窄,因此常作控温和液面测量用。

第六节　热电偶温度计

热电偶温度计由热电偶、连接导线和电测仪表组成,它广泛应用于中低温的测量,在 0.2K~1200℃广大温区内都可使用,由于热电偶制作简单,结点小,反应灵敏,不需要电源,电测仪表简单,测温精度能满足工业和实验室一般需要,而且热电偶能把温度信号转变成电信导,可远距离传送和集中控制,因此,它是工业和科学研究中常用的测温仪器。

一、热电偶测温原理

由两种不同的导体 A、B 构成一个闭合回路中,如果两个接点处于不同的温度(T、T_0),回路内就会产生电动势,简称为热电势,这一现象由塞贝克发现,故又称塞贝克效应,如图 2-15(a)所示,进一步研究发现,热电势是由温差电势和接触电势所组成。

当导线两端的温度不同时会产生热电势。高温端的电子能量比低温端大,电子向低温端移动,结果,高温端带正电荷,与此同时在高低温端之间形成了一个从高温端指向低温端的静电场,这电场将阻止电子的移动,最后达到动平衡,此时在导体两端便产生了一个电势差,称之为温差电势,此电势只与导体性质和导体两端的温度有关,与导体长度,截面大小,沿导体长度上温度分布无关,如均匀导体 A 两端温度为 T 和 T_0(见图 2-15(b))则在导体两

端之间的温差电动势 e_A 为

$$e_A(T_0, T) = \frac{k}{e} \int_{T_0}^{T} \frac{1}{N_A} d(N_A \cdot t) = \varphi_A(T) - \varphi_A(T_0) \tag{2-60a}$$

式中　e：单位电荷，$1.602 \times 10^{-19}C$；

$\qquad k$：玻尔兹曼常数 $1.38 \times 10^{-23}J/K$；

$\qquad N_A(T), N_A(T_0)$：金属 A、在温度为 T、T_0 时的电子密度，它是温度的函数。

当两种不同导体 A 和 B 接触时，如果导体 A 的电子密度 N_A 大于导体 B 的电子密度 N_B，则电子在两个方向上扩散速率就不同，A 向 B 扩散的电子多于 B 向 A 扩散的电子，结果 A 因失去电子而带正电荷，相反 B 带负电荷，同时在 A、B 接触界面上便形成了从 A 到 B 的静电场，这个电场将阻止电子扩散的继续进行，最后便达到了动平衡状态，不同导体 A、B 接触形成的电势差，称接触电势，其大小决定于两种不同导体的性质和接触点的温度，如接点温度为 T，导体 A 对导体 B 的接触电势为 $\Phi_{AB}(T)$，相反，导体 B 对导体 A 的接触电势 $\Phi_{BA}(T)$，可用下式表示：

$$e_{AB}(T) = \frac{kT}{e} \ln \frac{N_A(T)}{N_B(T)} = \Phi_{AB}(T) \tag{2-60b}$$

式中　$N_A(T), N_B(T)$：金属 A、B 在温度 T 时电子密度，其他符号同上，如图 2-11(c)所示。

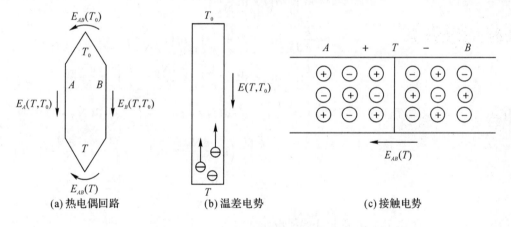

(a) 热电偶回路　　　　(b) 温差电势　　　　(c) 接触电势

图 2-15　产生热电势原理图

因此，一个由均匀导体 A、B 组成的热电偶，当两个接点温度分别为 T 和 T_0[如图 2.11 (a)]时，所产生的电势 $E_{AB}(T, T_0)$ 为

$$E_{AB}(T, T_0) = [\varphi_A(T_0) - \varphi_A(T)] + \Phi_{AB}(T) + [\varphi_B(T_0) - \varphi_B(T)] + \Phi_{BA}(T_0)$$

整理此式，且 $\Phi_{BA}(T_0) = -\Phi_{AB}(T_0)$ 将含 T 和 T_0 的函数分开写，则

$$E_{AB}(T, T_0) = [\Phi_{AB}(T) - \varphi_B(T) - \varphi_A(T)] - [\Phi_{AB}(T_0) - \varphi_B(T_0) - \varphi_A(T_0)]$$

令　　　　　　　　　　$f_{AB}(T) = \Phi_{AB}(T) - \varphi_B(T) - \varphi_A(T)$

$$f_{AB}(T_0) = \Phi_{AB}(T_0) - \varphi_B(T_0) - \varphi_A(T_0)$$

则　　　　　　　　　　$E_{AB}(T, T_0) = f_{AB}(T) - f_{AB}(T_0)$

式中 $E_{AB}(T, T_0)$ 表示 A、B 不同导体组成的热电偶产生的电势，它只和热电偶材料性质以及温度 T、T_0 有关。

如果把一个接点温度 T_0 保持不变，则式 $f_{AB}(T_0)$ 项为常数，上式可写成

$$E_{AB}(T,T_0)=f_{AB}(T)-C \tag{2-61}$$

即热电偶所产生的热电势 $E_{AB}(T,T_0)$ 只和温度 T 有关,因此可通过测量热电偶的热电势来决定被测温度,这就是热电偶测温原理,组成的热电偶的两种导体称热电极,通常把 T_0 端称为热电偶的自由参考端,而 T 端称为工作端或测量端,如果参考端的电流从导体 A 端流向 B,则 A 称为正极,而 B 为负极。

二、热电偶回路基本性质

1. 均匀导体定律

由一种均质导体组成的闭合回路各处温度不同都不会产生热电势,因此,热电偶必须由两种不同性质的材料组成,如果在温度梯度下一种材料组成的回路产生了热电势,说明这种材料是不均匀的(化学成分、组织结构、内应力或截面),据此,可以检查偶线材料的均匀性。

证明:

$$E_{AB}(T,T_0)=e_{AB}(T)+e_B(T,T_0)-e_{AB}(T_0)-e_A(T,T_0)$$

$$e_{AB}(T)-e_{AB}(T_0)=\frac{kT}{e}\ln\frac{N_A(T)}{N_B(T)}-\frac{kT_0}{e}\ln\frac{N_A(T_0)}{N_B(T_0)}$$

$$=\frac{k}{e}\int_{T_0}^T \mathrm{d}\left(t\cdot\ln\frac{N_A}{N_B}\right)$$

$$=\frac{k}{e}\int_{T_0}^T \ln\frac{N_A}{N_B}\mathrm{d}t+\frac{k}{e}\int_{T_0}^T t\,\mathrm{d}\left(\ln\frac{N_A}{N_B}\right)$$

$$=\frac{k}{e}\int_{T_0}^T \ln\frac{N_A}{N_B}\mathrm{d}t+\frac{k}{e}\int_{T_0}^T t\,\frac{\mathrm{d}N_A}{N_A}-\frac{k}{e}\int_{T_0}^T t\,\frac{\mathrm{d}N_B}{N_B}$$

$$e_B(T,T_0)-e_A(T,T_0)=\frac{k}{e}\int_{T_0}^T \frac{1}{N_B}\mathrm{d}(N_B\cdot t)-\frac{k}{e}\int_{T_0}^T \frac{1}{N_A}\mathrm{d}(N_A\cdot t)$$

$$=\frac{k}{e}\int_{T_0}^T \left(t\cdot\frac{\mathrm{d}N_B}{N_B}+\mathrm{d}t\right)-\frac{k}{e}\int_{T_0}^T \left(t\cdot\frac{\mathrm{d}N_A}{N_A}+\mathrm{d}t\right)$$

$$=\frac{k}{e}\int_{T_0}^T t\cdot\frac{\mathrm{d}N_B}{N_B}-\frac{k}{e}\int_{T_0}^T t\cdot\frac{\mathrm{d}N_A}{N_A}$$

$$E_{AB}(T,T_0)=\frac{k}{e}\int_{T_0}^T \ln\frac{N_A}{N_B}\mathrm{d}t$$

因此,材料相同时,总电势为 0。

2. 中间导体定律

由不同材料组成的闭合回路,如果各材料的接点温度都相同,则回路中热电势的总和等于零,因此,在热电偶回路中加入第三种均质材料,只要它的两端温度相同,就不会影响回路的热电势,如图 2-16 所示,在热电偶测温时只要热电偶连接显示仪表的两个接点温度相同,因此仪表的接入对热电偶的热电势没有影响。还可以推论,如果两种导体 A 和 B 相对于参考导体 C 的热电势已知,那么这两种导体组成热电偶的热电势是上述两种热电势的代数和,即 $E_{AB}=E_{AC}+E_{CB}$,如 C 为铂电极,则每一偶线对铂电极的电势(标准电势)均可测定。

证明:热电偶回路中的中间导体定律——在热电偶回路中插入第三种(或多种)均质材料,只要所插入的材料两端连接点温度相同,所插入的第三种材料不影响原回路的热电势。

证:如图 2-16(a)所示,其回路的总电势为

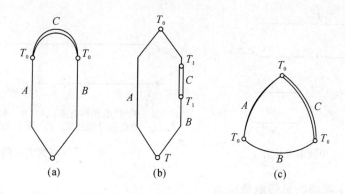

图 2-16　热电偶回路中接入第三种材料

$$E_{ABC}(T,T_0)=E_{AB}(T)+E_B(T,T_0)+E_{BC}(T_0)+E_{CA}(T_0)+E_A(T_0,T)$$
$$=E_{AB}(T)+E_B(T,T_0)+E_{BC}(T_0)+E_{CA}(T_0)-E_A(T,T_0)$$

假定 A、B、C 三种材料的接点温度相同,设为 T_0,则

$$E_{ABC}(T_0)=E_{AB}(T_0)+E_{BC}(T_0)+E_{CA}(T_0)=0$$
$$E_{BC}(T_0)+E_{CA}(T_0)=-E_{AB}(T_0)$$

则得

$$E_{ABC}(T,T_0)=E_{AB}(T)+E_B(T,T_0)-E_{AB}(T_0)-E_A(T,T_0)=E_{AB}(T,T_0) \text{得证}。$$

同理:图 2-16(b)也可证明。

3. 中间温度定律

两种不同材料 A 和 B 组成的热电偶回路,其接点温度分别为 T 和 T_0 时的热电势 $E_{AB}(T,T_0)$ 等于热电偶在连接点温度为 (T,T_n) 和 (T_n,T_0) 时相应的热电势 $E_{AB}(T,T_n)$ 和 $E_{AB}(T_n,T_0)$ 的代数和,其中 T_n 为中间温度,如图 2-17 所示,即

$$E_{AB}(T,T_0)=E_{AB}(T,T_n)+E_{AB}(T_n,T_0) \tag{2-62}$$

证明中间温度定律很容易,只需将式(2-61)加 $f(T_n)$ 和减 $f(T_n)$ 即可证得。该定律说明当热电偶参比端温度 $T_0 \neq 0$ 时,只要能测得热电势 $E_{AB}(T,T_0)$,且 T_0 已知,仍可以采用热电偶分度表求得被测温度 T 值。若将 T_n 设为 0℃,式(2-62)化为

$$E_{AB}(T,T_0)=E_{AB}(T,273.15\text{K})+E_{AB}(273.15\text{K},T_0)$$
$$=E_{AB}(T,273.15\text{K})-E_{AB}(T_0,273.15\text{K})$$

则:$E_{AB}(T,273.15\text{K})=E_{AB}(T,T_0)+E_{AB}(T_0,273.15\text{K})$

此定律可以得到如下的结论:已知热电偶在某一给定参考点温度下进行分度,只要引入适当的修正,就可在另外参考点温度下使用,这为制定热电势—温度关系分度奠定理论基础。

4. 连接导体定律

在热电偶回路中,如果热电偶的电极材料 A 和 B 分别与连接导线 A' 和 B' 相连接(如图 2-18 所示),各有关接点温度为 T,T_n 和 T_0,那么回路的总热电势等于热电偶两端处于 T 和 T_n 温度条件下的热电势 $E_{AB}(T,T_n)$ 与连接导线 A' 和 B' 两端处于 T_n 和 T_0 温度条件的热电势 $E_{A'B'}(T_n,T_0)$ 的代数和。

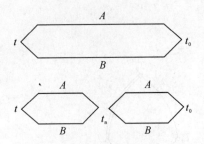

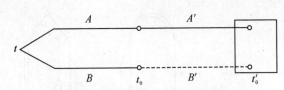

A、B：热电偶热电极；A′、B′：补偿导线；
t_0：热电偶冷端温度；t_0'：新冷端温度；

图 2-17 中间温度定律　　　　图 2-18 补偿导线在测温回路中连接

图 2-18 所示回路的总热电势应为

$$E_{ABB'A'}(T,T_n,T_0)=E_{AB}(T,T_n)+E_{A'B'}(T_n,T_0)$$

证明如下：

$$E_{BB'}(T_n)+E_{A'A}(T_n)=\frac{kT_n}{e}\left[\ln\frac{N_B(T_n)}{N_{B'}(T_n)}-\ln\frac{N_A(T_n)}{N_{A'}(T_n)}\right]$$

$$=\frac{kT_n}{e}\left[\ln\frac{N_B(T_n)}{N_{B'}(T_n)}\cdot\frac{N_{A'}(T_n)}{N_A(T_n)}\right]$$

$$=\frac{kT_n}{e}\left[\ln\frac{N_{A'}(T_n)}{N_{B'}(T_n)}\cdot\frac{N_B(T_n)}{N_A(T_n)}\right]$$

$$=\frac{kT_n}{e}\left[\ln\frac{N_{A'}(T_n)}{N_{B'}(T_n)}-\ln\frac{N_A(T_n)}{N_B(T_n)}\right]=E_{A'B'}(T_n)-E_{AB}(T_n)$$

$$E_{B'A'}(T_0)=-E_{A'B'}(T_0)$$

$$E_{ABB'A'}(T,T_n,T_0)=E_{AB}(T)+E_B(T,T_n)+E_{B'B'}(T_n)+E_{B'}(T_n,T_0)$$
$$+E_{B'A'}(T_0)+E_{A'}(T_0,T_n)+E_{A'A}(T_n)+E_A(T_n,T)$$
$$=E_{AB}(T)+E_{A'B'}(T_n)-E_{AB}(T_n)-E_{A'B'}(T_0)$$
$$-E_A(T,T_n)+E_B(T,T_n)-E_{A'}(T_n,T_0)+E_{B'}(T_n,T_0)$$
$$=[E_{AB}(T)-E_{AB}(T_n)-E_A(T,T_n)+E_B(T,T_n)]$$
$$+[E_{A'B'}(T_n)-E_{A'B'}(T_0)-E_{A'}(T_n,T_0)+E_{B'}(T_n,T_0)]$$
$$=E_{AB}(T,T_n)+E_{A'B'}(T_n,T_0)$$

此定律可以得到如下的结论：热电偶具有相同热电性质的补偿导线引入热电偶回路中，相当把热电偶延长而不影响热电偶的热电势。

中间温度定律和连接导体定律是工业热电偶测温中应用补偿导线的理论依据，在测温时，为了使热电偶的冷端温度恒定，可以把热电偶做得很长，使冷端和仪表一起放在恒温地方（如集中控制室），但有些热电偶比较贵重，因此可用与这材料有同样热电势的补偿导线代替，而且补偿导线又是廉价金属，表 2-12 列出了常用热电偶的补偿导线。

按照上述的热电偶特性，在测温时可有以下几种连接方法：

（a）测量两处的温差 $\Delta T=T_2-T_1$，如在固体材料热测量时，只要求测量两处的温差，可用图 2-19(a)的接法。

（b）测量某处的温度 T 时，可用图 2-19(b)的接法，其中 T_0 为参考端可以是冰点，也可以为低温流体沸点。

（c）使用一个多点转换开关（无热电势转换开关）和一个测量仪表，能同时测量数支热电偶，可用图 2-19(c)接法。

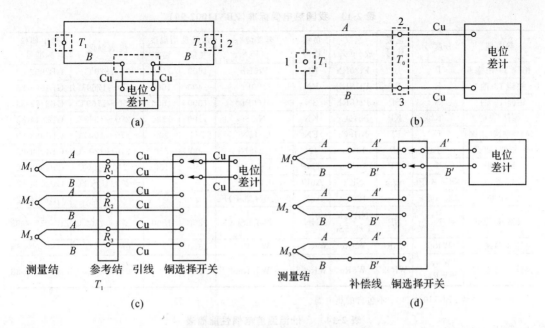

图 2-19　　热电偶基本连接方法

（d）工业采用补偿线以把热电偶信号远距离传送，可用图 2-19(d)的接法。

表 2-12　　常用热电偶的补偿导线

热电偶名称	补偿导线				工作端为 100℃，冷端为 0℃时的标准热电势（毫伏）
	正级		负极		
	材料	线芯绝缘层颜色	材料	线芯绝缘层颜色	
铂铑—铂	铜	红	镍铜	白	0.64±0.03
镍铬—镍硅（镍铝(NiAl2Si1Mg2)）	铜	红	康铜	白	4.10±0.15
镍铬—考铜（CuNi43）	镍铬	褐绿	考铜	白	6.95±0.30
铁—考铜	铁	白	考铜	白	5.75±0.25
铜—康铜（CuNi40）	铜	红	康铜	白	4.10±0.15

三、低温热电偶

对热电材料有下列主要要求：

1）物理化学性能稳定，能在较宽的温度范围内使用，其热电势性质不随时间变化；

2）热电势和热电势率（dE/dT 或称灵敏度）大，热电势与温度之间呈线性变化；

3）良好复现性，以便互换；

4）加工性能好，价格便宜。

目前在中高温度使用的热电偶，基本上都是标准化热电偶，即制造工艺成熟，应用广泛，成批生产，采用统一的技术指标，如表 2-13 所示，低温热电偶，除铜—康铜已标准化外，其他均为非标化热电偶，这些低温热电性能及其灵敏度如表 2-14、图 2-17、图 2-18 所示，为了统一起见，在热电偶名称中，把正电极放在前面，负电极放在后面。

表 2-13　我国热电偶标准（ZBN11002-90）

热电偶	分度号	正极代号	名义成分(%)	负极代号	名义成分(%)	最高使用温度长期	最高使用温度短期	度表温区	热电偶丝标准号
铂铑30-铂铑6	B	BP	Pt30Rh	BN	Pt6Rh	1600	1800	0~1820℃	GB2902-82
铂铑13-铂*	R	RP	Pt13Rh	RN	100Pt	1400	1600	−50~1769℃	GB1598-86
铂铑10-铂*	S	SP	Pt10Rh	SN	100Pt	1300	1600	−50~1769℃	GB3772-83
镍铬-镍硅	K	KP	Ni10Cr	KN	Ni3Si	1200	1300	−270~1373℃	GB2614-85
镍铬-铜镍(康铜)	E	EP	Ni10Cr	EN	Cu45Ni	750	900	−270~1000℃	GB4993-85
铁-铜镍(康铜)	J	JP	100Fe	JN	Cu45Ni	600	750	−210~1200℃	GB4994-85
铜-康铜	T	TP	100Cu	TNP	Cu45Ni	350	400	−210~400℃	GB2903-82
镍铬-金铁*	NiCr-AuFe	NiCr	NiCr	AuFe	Au0.07(原子)	0		−273.15~0℃	GB2904-82
铜-金铁*	Cu-AuFe	Cu	100Cu	AuFe	Au0.07(原子)Fe	0		−270~0℃	GB2904-82
镍铬硅-镍硅	N	NP	Ni14.5Cr1.5Si	NN	Ni4.5Si	1200	1300	−270~1300℃	ZBN05004-88
钨铼3-钨铼25*	WRe3	W3Re	W3Re	WRe25	W25Re	2300		0~2315℃	ZBN05003-88
钨铼5-钨铼26*	WRe5−WRe26	WRe5	W5Re	WRe26	W26Re	2300		0~2315℃	ZBN05003-88

注：有 * 号者 ZBN11002-90 中不包含的热电偶。

表 2-14　　低温温差电偶性能简表

名称	温差电动势 $E(\mu V)$（0K 时 $E=0^1$）				灵敏度 $dE/dT(\mu V/K)$			
	4K	20K	77K	273K	4K	20K	77K	273K
E_i 镍铬-康铜	3.69	90.1	1111	9828	1.98	8.5	26.1	58.7
T_i 铜-康铜	2.09	59.4	717	6253	1.33	5.6	16.3	38.7
K_i 镍铬-镍铝	2.21	41.5	628	6453	0.88	4.2	16.0	39.5
镍铬-金铁7	40.0	295	1260	5306	12.4	17.0	17.9	22.5
镍铬-金铁3*	4665	4427	3641	3.2	14.4	14.2	14.8	21.35
镍铬-金铁2	42.7291	1039	4593	13.3	14.8	14.0	20.7	
铜-金铁	33.8	265	367	1731	11.8	14.0	8.1	2.3
铜-金铁2	41.5	261	645	1018	12.7	12.0	4.2	0.8
标准银-金铁7	38.6	267	833	1595	11.8	14.2	7.3	1.9
标准银-金铁2	41.3	262	612	883	12.6	12.1	3.4	0.3
镍铬-铜铁*	6563	6308	5066	4.1	12.0	19.2	23.4	27.4
铜-铜铁*	2848	2682	1872	1.1	7.1	13.0	12.9	7.2

注：有 * 号者选取 273.15 时 $E=0$，仅供参考。

热电偶的主要优点是测温敏感元件（接头）体积小、热容小、反应快，而且制作简单，不需要电源即有电势输出，因而得到广泛的应用，但是它的灵敏度不够高，复现性不够好，无法满足高精度测量的需要，但在一般工业测量和实验室测温中广泛应用，现将常用低温热电偶温度计作些介绍。

1. 镍铬—康铜热电偶

镍铬—康铜热电偶适用的温区范围大，在 25K～0℃～400℃ 范围内适用。在 25K 它的灵敏度为 $10\mu V/K$ 以上，而且随温度上升，灵敏度不断增大，另一个优点是它的两根偶线的热导率都很差，由偶线漏热对测温点影响小，但这种偶线均匀性差，精确度也低一些。

2. 铜—康铜热电偶

铜—康铜热电偶是低温下的常用热电偶，适用于 50K～370K 温区，50K 以下灵敏度太

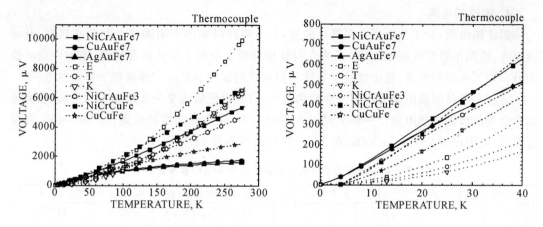

图 2-20　　低温温差热电偶的温差电动势温度关系

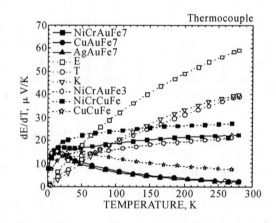

图 2-21　　低温热电偶灵敏度与温度关系

低了(小于 $10\mu V/K$),由于铜和康铜可以做得很均匀,容易复制,77K 以上热电势也大,因此,测量精度可达 0.5K 此种热电偶价格低廉,是低温下应用最广泛的热电偶之一,但热电偶的铜偶线热导率很大,对某些应用带来不利影响。

3. 镍铬—金铁热电偶

镍铬—金铁热电偶中含有少量过渡金属的某些稀释合金。在低温下会产生很大的温差电势,金铁7(Au+0.07 原子百分比的 Fe)与镍铬(Ni 90%;Cr 9%~10%;Si 0.4%)配对,组成镍铬—金铁势电偶,在 2~300K 的任何温度,其灵敏度不低于 $10\mu V/K$,在镍铬—金铁热电偶中,正臂为镍铬合金,负臂为金铁合金,当负臂中铁含量降低时,则热电热在低温区(10K 以下)较大。在 4K 左右热电势较小,而 20K 以上温差热电偶的灵敏度较大,最常用的是金铁 7,金铁 3,而金铁 2 用得较少。

如在液氮温度下使用,可采用铜对金铁或标准银(Ag+0.37 原子百分比的 Ag)对金铁,因为在这个温度范围内,它们的灵敏度和镍铬差不多,但这样的配对有很多好处:铜丝比镍铬丝均匀,这种热电偶低温时灵敏度高,而在高温时灵敏度低,对冰点要求不高,甚至可以不用冰点,总的热电势小,对电路测量精度要求较低,电测精度为 0.1%时,就可以测量到 0.1K。

4. 铜铁热电偶

铜铁热电偶,为了节约贵金属高纯的金,七十年代以来出现用铜代金的铜铁热偶,开始研制时,热偶不稳定性高于±1K,后来在铜铁稀释合金中加了少量的金属锂,使磁性杂质铁的分布均匀性得到改善,稳定性近于金铁。铜铁热电偶的灵敏度一般稍高于金铁热电偶。

还有一种低温热电偶为钯铑—金铁热电偶,它是以钯铬合金为基础掺入少量的铑,和金铁合金为负极做成热电偶。一种 Cu-Fe-Al 和 Cu-Ni 合金的低温热电偶,在 10~90K 温度范围内,灵敏度为 9~11.5μV/K,在 1.5~10K 范围内为 6~9μV/K。

表 2-15 低温温差电偶的温差电动势 $E(\mu V)$ 参考表(一)

温度,K	镍铬-金铁 7	铜-金铁 7	正常银-金铁 7	温度,K	镍铬-金铁 7	铜-金铁 7	正常银-金铁 7
0	0	0	0	95	1588.89	1002.15	954.94
1	7.85	7.78	7.74	100	1682.46	1036.50	985.85
2	17.27	16.98	16.88	105	1776.98	1069.61	1015.66
3	28.04	27.38	27.22	110	1872.43	1101.54	1044.43
4	39.96	38.79	38.57	115	1968.75	1132.33	1072.19
5	52.86	51.01	50.76	120	2065.91	1162.03	1099.00
6	66.59	63.91	63.64	125	2163.87	1190.69	1124.88
7	81.03	77.35	77.09	130	2262.58	1218.35	1149.86
8	96.04	91.20	90.99	135	2362.02	1245.06	1173.98
9	111.52	105.38	105.24	140	2462.15	1270.87	1197.28
10	127.40	119.78	119.75	145	2562.94	1295.82	1219.77
12	160.03	149.02	149.25	150	2664.39	1319.96	1421.49
14	193.42	178.43	178.99	155	2766.45	1243.33	1262.47
16	227.23	207.69	208.61	160	2869.12	1365.97	1282.75
18	261.20	236.58	237.85	165	2972.37	1387.90	1302.34
20	295.17	264.96	266.51	170	3076.17	1409.14	1321.26
22	329.04	292.73	294.48	175	3180.51	1429.72	1339.55
24	362.75	319.87	321.70	180	3285.35	1449.65	1357.22
26	396.23	248.35	348.12	185	3390.69	1468.96	1374.28
28	429.64	372.19	373.75	190	3496.49	1487.67	1390.76
30	462.84	397.41	398.60	195	3602.75	1505.82	1406.69
32	495.92	422.04	422.68	200	3709.45	1523.43	1422.07
34	528.90	446.12	446.05	205	3816.58	1540.54	1436.94
36	561.83	469.67	468.72	210	3924.12	1557.19	1451.33
38	594.73	492.72	490.76	215	4032.05	1573.38	1465.24
40	627.66	515.31	512.19	220	4140.36	1589.13	1478.71
42	660.63	537.45	533.05	225	4249.03	1604.45	1491.72
44	693.67	559.17	553.38	230	4358.01	1619.32	1504.29
46	726.41	580.50	573.21	235	4467.23	1633.75	1516.41
48	760.06	601.43	592.76	240	4576.81	1647.73	1528.08
50	793.45	622.00	611.51	245	4686.58	1661.27	1539.29
55	877.53	671.83	657.03	250	4796.58	1674.42	1550.44
60	962.74	719.52	700.37	255	4906.82	1847.22	1560.44
65	1048.99	765.17	741.62	260	5017.33	1699.72	1570.49

续表

温度,K	镍铬-金铁7	铜-金铁7	正常银-金铁7	温度,K	镍铬-金铁7	铜-金铁7	正常银-金铁7
70	1136.32	808.88	781.02	265	5123.12	1711.95	1580.23
75	1224.73	850.75	818.72	270	5239.19	1723.91	1587.77
80	1314.22	890.90	854.85	273	5305.96	1730.95	1595.37
85	1404.75	929.45	889.53	275	5350.51	1735.59	1599.04
90	1496.32	966.50	922.86	280	5461.94	1747.06	1607.86

注:金铁7是 Au−0.07 原子％铁

表 2-16　低温温差电偶的温差电动势 $E(\mu V)$ 参考表(二)

温度,K	E 型 镍铬-康铜	T 型 铜-康铜	K 型 镍铬-镍硅	温度,K	E 型 镍铬-康铜	T 型 铜-康铜	K 型 镍铬-镍硅
0	0	0	0	135	3001.29	1883.78	1873.35
4	3.69	2.09	2.21	140	3196.17	2004.33	1966.10
5	5.92	3.59	3.19	145	3395.65	2127.97	2098.40
10	23.87	15.74	10.83	150	3599.64	2254.67	2234.19
13	39.68	26.26	17.80	155	3808.05	2384.40	2373.38
15	52.18	34.51	23.46	160	4020.81	2517.15	2515.91
20	90.07	59.37	41.48	165	4237.84	2652.88	2661.70
21	98.76	65.07	45.75	170	4459.17	2791.56	2810.66
25	137.15	90.29	65.02	175	4684.43	2933.16	2962.73
30	193.22	127.25	94.17	180	4913.83	3077.63	3117.82
35	258.08	170.12	128.93	185	5147.20	3224.95	3275.66
40	331.50	218.61	169.22	190	5384.46	3375.09	3436.06
45	413.20	272.34	214.95	194	5577.01	3497.22	3567.50
50	502.38	330.92	266.01	195	5625.53	3528.03	3600.46
54	580.14	381.00	310.60	200	5870.33	3683.73	3766.86
55	600.20	393.95	322.26	205	6118.80	3842.18	3935.89
60	704.83	461.11	383.56	210	6370.86	4003.34	4107.46
63	770.99	503.28	422.71	215	6626.44	4167.20	4281.51
65	816.47	532.14	449.79	220	6885.47	4333.70	4457.93
70	934.82	606.86	520.82	225	7147.90	4502.81	4636.66
75	1059.65	685.13	596.53	230	7413.67	4674.48	4817.60
77	1111.35	717.41	628.11	234	7628.64	4813.65	4963.90
78	1137.56	733.76	644.17	235	7682.70	4848.69	5000.69
80	1190.73	766.67	676.67	240	7954.95	5025.40	5185.83
85	1327.88	852.02	761.60	245	8230.35	5204.60	5372.94
90	1470.92	940.56	850.75	250	8508.85	5386.26	5561.95
91	1500.22	958.66	869.10	255	8790.40	5570.39	5752.78
95	1619.70	1032.43	944.21	260	9074.95	5756.94	5945.33
100	1774.09	1127.61	1041.87	265	9362.46	5945.87	6139.52
105	1933.95	1226.07	1143.68	270	9652.85	6137.08	6335.27
110	2099.16	1327.76	1249.55	272	9769.79	6214.18	6413.98
115	2269.50	1432.66	1359.42	273	9828.42	6252.86	6453.42
120	2445.13	1540.74	1473.20	274	9887.15	6291.64	6492.91

续表

温度,K	E 型 镍铬-康铜	T 型 铜-康铜	K 型 镍铬-镍硅	温度,K	E 型 镍铬-康铜	T 型 铜-康铜	K 型 镍铬-镍硅
125	2625.67	1651.96	1590.83	275	9945.98	6330.50	6532.46
130	2811.09	1766.31	1712.24	280	10241.52	6526.22	6730.98

表 2-17　低温温差电偶的温差电动势 $E(\mu V)$ 参考表（三）

温度,K	镍铬-金铁 3	镍铬-铜铁	铜-铜铁	温度,K	镍铬-金铁 3	镍铬-铜铁	铜-铜铁
4	0.00	0.00	0.00	125	1794.40	2656.90	1547.40
6	29.00	24.60	14.80	130	1880.30	2781.80	1601.00
8	58.50	51.60	31.70	135	1967.70	2907.70	1653.70
10	88.40	81.00	50.50	140	2055.80	3034.20	1705.60
12	118.70	112.50	70.90	145	2144.90	3161.00	1756.60
14	149.20	146.00	92.90	150	2235.30	3288.30	1806.70
16	179.20	181.30	116.20	155	2326.60	3416.40	1856.40
18	208.40	217.50	140.50	160	2418.50	3545.20	1905.50
20	237.10	255.10	165.90	165	2511.20	3674.90	1953.70
22	265.40	293.70	192.00	170	2604.70	3805.30	2000.90
24	293.30	332.80	218.50	175	2698.80	3936.30	2047.10
26	320.80	372.30	241.40	180	2793.40	4067.30	2092.60
28	347.90	412.20	272.60	185	2888.50	4198.60	2138.00
30	374.60	452.50	300.10	190	2984.10	4330.10	2183.00
35	439.70	555.90	371.20	195	3080.20	4461.60	2226.80
40	503.50	660.50	444.50	200	3176.70	4593.30	2269.80
45	568.40	767.20	519.20	205	3273.90	4725.80	2312.40
50	634.90	878.10	594.60	210	3372.30	4858.50	2354.60
55	703.90	991.30	669.10	215	3471.90	4991.60	2396.30
60	775.30	1104.80	742.70	220	3571.00	5125.10	2437.40
65	847.60	1218.80	844.20	225	3671.10	5258.60	2477.90
70	920.40	1334.20	883.20	230	3771.70	5392.40	2518.30
75	993.70	1450.50	949.70	235	3872.80	5526.40	2558.20
80	1067.60	1567.40	1014.40	240	3974.40	5660.90	2597.70
85	1142.80	1686.10	1078.90	245	4076.50	5795.90	2636.60
90	1220.10	1805.30	1142.80	250	4179.20	5931.40	2675.10
95	1298.70	1924.80	1204.30	255	4282.50	6067.40	2713.10
100	1378.60	2044.60	1264.10	260	4386.70	6203.40	2750.80
105	1459.70	2165.00	1323.90	265	4491.50	6339.60	2788.10
110	1542.10	2286.60	1380.90	270	4597.40	6476.30	2824.90
115	1625.60	2409.40	1437.50	273	4661.30	6558.50	2846.60
120	1709.70	2532.90	1493.20	273.15	4664.50	6562.60	2847.70

注:金铁 3 是 Au+0.03 原子%铁;铜铁是 Cu+0.15 原子%铁。

四、热电偶的分度和校验

热电偶的分度是对实验室制作的热电偶确定热电势 E 与温度 T 关系,可用公式内插,

标准参考表以及 $E(T)\sim T$ 曲线图表示,而经过分度的热电偶使用一段时间后,因损耗,折断等原因要重新确立热电偶的 $E(T)\sim T$ 关系或对原来的 E-T 关系进行某些修正,这两项工作对精确测温是必要的。

1. 内插公式法

热电偶的热电势与温度与之间关系可以用幂级数来表示,其形式为:

$$E(T) = \sum_{n=1}^{N} A_n T^n \text{(以 K 表示)} \tag{2-63}$$

$$E(t) = \sum_{n=1}^{N} B_n t^n \quad \text{(以 ℃ 表示)} \tag{2-64}$$

式中 A_n,B_n 是待定系数,美国国家标准局(NIST)制定的金铁热偶标准参考表 5K<T<280K 的数据,是以式(2-63)中取 $N=14$ 得到的,而铜—康铜分度表用 $N=5$,按式(2-64)计算的。

对于实用的热电偶,在上述公式中取 $N=2$ 或 3 即可,如铜—康铜热电偶,在 $-190\sim 0℃$,取 $N=3$,误差为 $0.01℃$,取 $N=2$ 时误差为 $0.5℃$,当 $N=3$ 时,式(2-64)变成:

$$E(t)=at+bt^2+ct^3 \tag{2-65}$$

只要在三个已知温度点测出其电势值,常数 a、b、c 即可求得,三个已知温度可以是固定点(如液氮沸点,二氧化碳升华点和汞凝固点),也可以由标准铂电阻温度计测定的温度。

2. 标准参考表法

实验室制作热电偶的偶线,工厂按规定的工艺标准生产的,因此同类热电偶的 E-T 关系很接近,国际常用的标准表由美国 NIST 提供,可供参考,表 2-15,表 2-16 和表 2-17。

使用参考表来分度热电偶的方法很多,如:可以从几个已知温度下测出等分度热电偶的热电势值 E_x;再从参考表中查出已知温度对应的标准电势值 E'_x,再从偏差曲线得 $\Delta E'_x$,结果 $E'_s=E'_x+\Delta E'_x$ 查参考表即可得对应的温度 T_x。

3. $E\sim T$ 曲线法

利用参考表可以作 E_s-T 的曲线,然后在几个已知温度下测得 E 值,并同画在一个表上得 E-T 曲线,这种方法简单但精度不很高。

低温热电偶由于工作温度低,虽不会发生氧化,但受冷热循环变化会产生应力或损伤折断,中高温热电偶由于工作温度高,偶材受氧化、腐蚀,在高温下偶材会发生再结晶,引起热电势发生变化,使测量误差增大,因此热电偶要定期进行校验,校验的方法和分度相同,300℃以下及低温可以用铂电阻温度计作标准比对,300℃以上可用铂电阻温度计和铂铑—铂标准热电偶作标准进行比对。

五、热电偶的制作和使用

1. 材料的选择

热电偶温度计的准确性的限制,主要来自材料的不均匀性(是由热电偶材料的物理和化学不均匀性造成的,如从而成分不均匀,或受应力)。不均匀的材料在温度梯度下,类似于加入第三种材料,而且这种材料两端温度不同,会产生附加电势,引入测量误差。

制作热电偶时,对所用的偶材料进行均匀性检查,简单的办法是线的两端接在微伏计上,然后让线逐段通过液氮槽,如果微伏计上输出不超过 $2\mu V$ 左右,偶丝即可使用。

铜丝问题小些,但铜热导好,容易通过传热影响结点温度,可以选得细些,但铜纯度不够,混有少量有害杂质,在低温下有反常的温差电动势。

标准银的热电性能和铜差不多,可代替铜使用,因它的热导率比铜小得多,可以用得粗些。

合金材料均匀性较差,不能做得太细。

用于低温热电偶的偶丝都比较细($\phi 0.05 \sim \phi 0.2mm$),而中高温偶线较粗($\phi 0.5 \sim \phi 1.0mm$)。所有偶线材料都应由绝缘,低温热电偶常用高强度,高绝缘性能聚酯漆包,高温热电偶则应放在特殊的绝缘瓷管中。

2. 结点的制作

热电偶的结点最好是熔焊,在熔焊时要防止结点以外部分过热而引起的氧化,从而成分改变(如金铁合金中少量的铁很容易氧化),常用的方法是:把待做结点的两根偶线,去掉头上绝缘物并擦干净,然后绞合在一起,上些硼砂或浸在硼砂中,并接到直流电源正极金属夹上,与电源的负极短路,瞬间放电可使偶丝形成光亮的球状结点,若用惰性气体保护,则效果更好。

结点也可用锡焊,但必须先绞合在一起,锡焊只起固定作用,焊点应尽量小,锡焊部分温度要均匀,在锡焊时宜采用中性助焊剂(松香)以免腐蚀或引进化学乱真电势,在焊接时烙铁功率不能太大,而动作要快,偶丝不能长期受热,如金铁丝在锡焊温度约 200℃时就熔化。

热偶线切勿打折,否则不但会引进乱真电势,还会影响它的寿命和电绝缘。

3. 参考点的选择

在液氮温度直至高温热电偶都用冰点作参考温度,用蒸馏水结成的冰可得到相当准确的冰点(0℃);天然冰次之;人造冰中常含有盐类物质使冰点偏低,热电偶结点可放在盛有变压器油的试管中再插入冰槽,变压器油可防止漏电,又利于传热,冰槽中应保证冰和水同时存在,最好进行搅拌。

测量低于液氮温度时常用低温液体作参考点,这样可以避免热电偶丝经过低温到室温的大温差区域,因此可以减少热偶线不均匀性所引起的乱真电势,而且还可以减少冰点漂移所造成的误差,但对冰点附近灵敏度高的热电偶,其误差可能较大,另外参考点温度的选择低,测量低温时总的热电势可大大减少,从而降低了对电测仪器的要求,如图 2-22 所示。

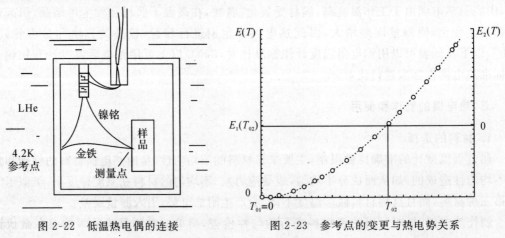

图 2-22　低温热电偶的连接　　　　图 2-23　参考点的变更与热电势关系

根据热电偶连接温度(或中间温度)定律,一个在给定参考温度 T_{01} 校准的热电偶,可以在参考温度 T_{02} 使用,只要对原来的电势进行修正。

$$E_2(T) = E_1(T) - E_1(T_{02}) \tag{2-66}$$

其中 $E_2(T)$ 是以 T_{02} 为参考点时相应于 T 的热电势,$E_1(T)$ 和 $E_1(T_{02})$ 分别以 T_{01} 为参考点相应于 T 和 T_{02} 的热电势,例如,为了从表 2-15($T_{01}=0K$)的 $E_s(T)$ 值转换冰点(T_{02})为参考点 $E_2(T)$ 值,可利用式 2-66 得

$$E_2(T) = E_s(T) - E_s(T_{02})$$

这相当于把 $E_s(T)$ 曲线的横坐标轴向上平移 $E_s(T_{02})$,如图 2-20 所示,例如,铜—康铜热电偶,在 $E_s(T)$ 表 2-15 中,273K(0℃)时热电势为 $6252.86\mu V$,氮沸点(77K)时热电势为 $717.41\mu V$,参考点,由 0K 改变成为冰点(0℃),77K 时的热电势为

$$E_t(T) = E_s(T) - E_s(T_{02}) = E_s(T) - E_s(273) = 717.41 - 6252.86 = -5535.45\mu V$$

4. 低温热电偶的热接触

当用热电偶测量物体表面温度时,热电偶和被测表面的接触形式常有下列四种:

图 2-24 中可见,(a)为点接触,热电偶的测量端直接与被测表面相接触;(b)为面接触,先将热电偶的测量端与导热好的金属片(如铜片)焊在一起,然后再粘在被测表面上;(c)为等温线接触,热电偶的测量端与被测表面直接接触,再把结点后的偶线用胶或漆粘在被测表面上,其接触长度为一般为 $50d$(d 为偶丝的直径),然后再引出;(d)为分立接触,两电极分别与被测表面接触,通过被测表面(导体)构成热电偶回路。

由于热电偶线本身是由金属或合金组成,测温表面和参考点之间存在温差,因此有一部分热量通过偶线传向低温表面,造成测量误差,一般来说(a)集中在一"点"上,影响表面温度最大,故误差也最大;(d)分散在两"点"上,误差次之;(b)被分散在一个面上,它的误差比上述两种都小;图 2-24(c)中,两热电极的漏热量虽然也集中于较小区域,但由于热电极和表面是等温敷设后再引出,测量端上的温度梯度最小,故这种形式的测温最精确,如果把热偶结点埋在有一定深度的小孔内,再用绝缘低温胶(如聚乙烯醇缩醛胶 JSF-6)固定,这样测温最精确。

测量导热差的不良热导体时,更要值得注意热接触,有时 b)的形式经常应用,为防止辐射热对结点的影响,在热电偶结点上面覆盖一张防辐片,如,薄的铝箔或镀铝的聚酯薄膜。

5. 差分热电偶

测量小温差用的热电偶常称为差分热电偶,一个典型例子是在绝热型的量热器中,测量样品温度和周围绝热屏之间微小温差,可以使温度控制在 0.01K 温差以内。

用几支同样的热电偶串联起来形成多接头温差热电偶组,如图2-25所示,它的电动势

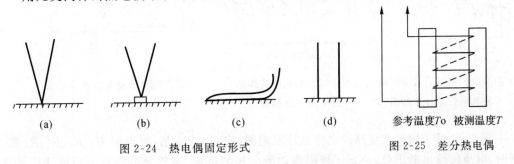

(a)   (b)   (c)   (d)   参考温度T_0 被测温度T

图 2-24　热电偶固定形式　　　　　　图 2-25　差分热电偶

是单支热电偶的 n 倍,不均匀性产生的热电势相互抵消,但要注意这几支热电偶间相互要绝缘,同时 T_1 和 T_2 漏热增加了 n 倍,为了减少漏热,常使用合金热电偶(如镍铬—康铜)测温。

第七节 热电势和电阻的测量

一、热电势毫伏计测量法

热电偶产生的热电势随着温度远离参考点温度而增大,高温热电偶产生的热电势较大,而低温热电偶的灵敏度随温度降低而变小,最大量程只有几个毫伏,工业上常用毫伏计作热电偶温度计的显示仪表,毫伏计的准确度虽然不很高(一般为 1.0 级),但结构简单,价格低廉,维修方便,毫伏计是一种动圈式仪表,它实际上是一种测量微安级电流的磁电式仪表。

二、热电势电位差计测量法

用毫伏计测量热电势方便而且简单,但它的读数环境温度和线路电阻影响较大,测量精度不高,不宜用于精密测量,另外,它的运动部分容易损坏,使用电位差计可以大大减小因上述原因造成的误差,电位差计测量热电势的方法在实验室和工业产生中得到广泛的应用。

电位差计测量电势的工作原理:用一个已知的标准电压与被测电势相比较,平衡时二者差值为零,被测电势就等于已知的标准电压,这种测量方法也称补偿法或零值法,产生标准直流电压的常用线路有分压线路和桥式线路两种。

图 2-26 是采用直流分压线路的电位差计原理图,通过滑线电阻 R_{ABC} 的电流 I,用电流表 M 显示其数值,并用 R_B 将它调整到规定值,在有热电偶的回路中接一只检流计 G;改变滑线电阻上滑动触点 B 的位置,使通过检流计 G 中电流 $I_2=0$,即热电偶支路中没有电流通过,这时 $I_1 R_{AB} = E(t \cdot t_0)$,由于 I_1 等于规定值,所以 R_{AB} 可代表 $E(t \cdot t_0)$ 值,也就是说 $E(t \cdot t_0)$ 的值可根据变阻器滑动触点 B 的位置来确定,故可得到很精确的读数。

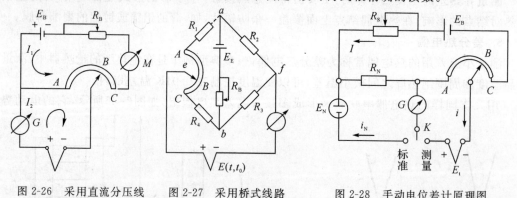

图 2-26 采用直流分压线路和电位差计原理图　　图 2-27 采用桥式线路的电位差计原理图　　图 2-28 手动电位差计原理图

图 2-27 是采用桥式线路的电位差计原理图,当 U_{ab} 为定值,且电阻 R_1、R_2、R_3、R_4 都不变时,电桥的输出电压 U_{ef} 决定于变阻器动触点 B 的位置,调节 B 的位置使检流计 G 指零,

这时 $U_{ef} = E(t \cdot t_0)$，热电偶产生的热电势值可由变阻器滑动触点 B 的位置来确定，同样，在滑动触点 B 的相应位置上可直接刻以毫伏数。

电位差计测量的特点是，通过热电偶以及连接导线的电流等于零，因而热电偶以及连接导线的电阻即使有些变化，不会影响测量结果，可提高测量准确性，这点与毫伏计测量方法不同，但要注意，热电偶连接线路的电阻不能太大，否则会使热电偶支路中的不平衡电流变得很小，以致使检流计指示不出偏差来，这样会降低测量的灵敏度和准确性。

1. 手动电位差计

这是一种带积分环节的仪器，因此具有无差特性，这就决定了它可以具有很高的精确度。工作原理示于图 2-28。

图中的直流工作电源 E_B 是干电池或直流稳压电源。标准电压 E_N 是标准电池。图中共有三个回路：

（A）工作回路：由 E_B，R_S，R_N 和 R_{ABC} 所组成的工作电流回路，回路的电流为 I。

（B）校准回路：由 E_N，R_N 和检流计 G 所组成的校准回路，其功能是调整工作电流 I 维持设计时所规定的电流值。

（C）测量回路：由 E_t，R_{AB} 和 G 组成的测量回路。

当开关 K 置向"标准"位置时，校准回路工作，其电压方程为：

$$E_N - IR_N = i_N(R_N + R_G + R_{EN}) \tag{2-67}$$

式中 R_G 为检流计的内阻；R_{EN} 是标准电池 E_N 的内阻；i_N 是校准回路电流。调整 R_S 以改变工作电流回路的工作电流 I，当 $E_N = IR_N$ 时，则 $i_N = 0$，检流计 G 指零，此时 I 就是电位差计所要求的工作电流值。

当开关 K 置向"测量"位置时，测量回路工作，其电压方程为

$$E_t - IR_{AB} = i(R_{AB} + R_G + R_E) \tag{2-68}$$

式中 R_E 为热电偶及连接导线的电阻；i 为测量回路电流。移动电阻 R_{ABC} 的滑动点 B 使检流计指零，则 $i = 0$，$E_t = IR_{AB}$。由于 I 已是精确的工作电流值，同时 R_{AB} 也由刻度盘上精确地可知，所以 E_t 的测量值也就相当精确地知道了。

手动电位差计的精确度决定于高灵敏度的检流计、仪表内稳定和准确的各电阻器的电阻值以及稳定的标准电压。常用高精确度的手动电位差计的最小读数可达 $0.01 \mu V$。

由于标准电池和标准电阻的准确性很高，配上了高灵敏度的检流计，所以电位差计可得到较高的测量准确度。标准电池很稳定，但随温度变化而改变，常用的标准电池在 $+20$℃时电势值为 1.0186 伏（准确度达 $\pm 0.01\%$），如室温变化可用下式修正。

$$E_t = E_{20} - 4.06 \times 10^{-5} \times (t - 20) - 9.5 \times 10^{-7} \times (t - 20)^2 \tag{2-69}$$

式中 E_{20}：20℃时标准电池的电动势，为 1.0186 伏；

t：室温。

使用中需注意：标准电池不允许通过大于 $1\mu A$ 的电流。

在使用和选择电位差计时应注意：

1）检流计的选择

测量热电势时对检流计 G 的要求，不是高的电流灵敏度而应该是有高的电压灵敏度，一般电流灵敏度高的检流计，绕制动圈的线径是很细，匝数很多，因此内阻和外临界电阻值都很大，这样，为使检流计有一定的偏转，必须有较高的推动电压，即电压灵敏度就低了。

例如选用直流复射式检流计中电流灵敏度较高的 AC15/1,电流灵敏度约为 3×10^{-10} A,目测零点位置明显偏差为 0.5 格,相当于 1.5×10^{-10} A,AC15/1 检流计的外临界电阻加内阻约为 100KΩ,相当于要给检流计 15μV 的推动电势,也就是说在液氮温度,铜—康铜热电偶的灵敏度为 16μV/K,当温度变化 1 度才能发现检流计有点失平衡,显然检流计的灵敏度太低,如果不用外临界电阻,检流计的内阻为 1.5KΩ,推动电压相当于 0.2μV,电压灵敏度虽高了,但检流计大大超过阻尼,反应极慢无法使用。

通常低电势测量中要选低阻检流计,电压灵敏度可达 10^{-2}μV/分度,如国产的直流复射式检流计 AC15/5 型,电压灵敏度不低于 7×10^{-1}μV/分度,采有 AC 型光电式放大器,灵敏度可达 10^{-2}μV/分度。(注意:灵敏度越高,数值越小)。

检流计稍欠阻尼(即测量电路的电阻比外临界电阻稍大),光点偏转超过平衡位置一点即摆回、停止,读数最方便、正确,测量电路电阻太大或太小都不好,光点摆动不停或缓慢趋近平衡位置,即使有的灵敏度较高,但由于读数不准,效果也不好,使用检流计要当心,它其实是和毫伏计相类似的高灵敏度微安计,转动线圈由张丝支承,并作电流引线,因此,不能通过大的电流,也不能振动,在移动或不用时,线圈要短路。

表 2-18　国产直流低电阻电位差计型号及规格

型号	档	量程	级别
UJ31	×10	10μV~170mV	0.05
	×1	1μV~17mV	
UJ26	×5	0.5μV~105.5550mV	0.02
	×1	0.1μV~22.111mV	
UJ30		0.1μV~111.110mV	0.01

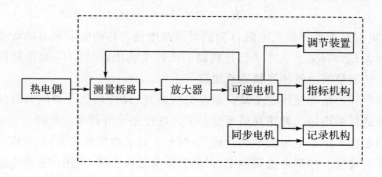

图 2-29　电子电位差计原理方框图

2)电位差计选择

常用的电位差计有高阻和低阻之分,这是指电位差中电阻 R_{ABC} 的大小而言,既然选用了电压灵敏度高的低阻检流计,电位差计中 R_{ABC}(图 2-28)是检流计的外电阻,最好也用低阻的,否则会使检流计工作状态不对导致摇摆不定,另外,高电阻元件是用很细的合金丝绕成的,它的阻值不容易做得很稳定,高电阻电位差计精度不如低电阻电位差计高,因此用于测量热电势和小电阻的均采用低电阻电位差计。

表 2-18 给出了常用国产低阻直流电位差计一部分的规格和型号,0.05 级表示仪表精确度±0.05%,当要测到 0.1μV,又要精到 0.01%时才需要选择 UJ30。

另外,还有 UJ32 标准电位差计,精度为 0.002 级,计量部门常用来校验 0.01 级和 0.02 级的电位差计,目前精度最高的是 UJ42,它的精度为 0.001 级。

2. 电子电位差计

电子电位差计是根据电压平衡原理自动进行工作的,与手动电位差计比较,它用可逆电机及一套机械传动机构代替了手动进行电压平衡操作,用放大器代替了检流计来检查不平衡电压并控制可逆电机工作,电子电位差计组成方框如图 2-26 所示,主要由测量桥路、放大器、可逆电机、指示及记录机构组成,有的还设有调节装置,同步电机带动记录纸移动,这种电位差计在自控或配套测温装置上应用较多。

三、电阻的测量方法

在低温下使用的锗电阻、碳电阻温度计以及半导体热敏电阻温度计等,他们都有负的温度系数,温度越低,其阻值越大,灵敏度也越来越高,这给电阻测量带来很大方便,常可用欧姆计或伏安法测量,也可用电子电位差计自动记录,然而,纯金属电阻温度计,低温下阻值变小,灵敏度也很低,要精确地测量温度计的电阻,还必须消除引线电阻和接触电阻以及温度梯度对电阻的影响。

对于小电阻、低电势、微电流的测量都可以转换成低电势的测量,除上面几种电势测量方法外,这里介绍小电阻的两种测量方法:

1. 直流电桥法

直流电桥是用来测量电阻的比较仪器,它的优点是电源的波动不影响电桥的平衡,只影响电桥的灵敏度,因而对电源的要求不高。

用普通的惠斯顿电桥测电阻(只要两根引线),如图 2-30 所示,被测电阻中包含了引线电阻以及引线和被测电阻之间接触电阻,有时低温电阻温度计的引线,为了减少漏热而用合金电阻引线,这时测量误差要大。

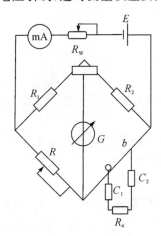

图 2-30 电桥法测电阻

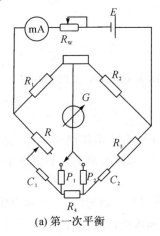

(a) 第一次平衡

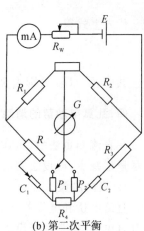

(b) 第二次平衡

图 2-31 平衡电桥法测小电阻

温度计用三条引线 C_1、C_2、C_3 和 P_1 采用图 2-31a)的接法,当 C_1 和 C_2 采用同种材料相同线径的引线时,C_1 和 C_2 的阻值相同,由于它们各在一个桥臂上,引线电阻的影响可以消除。温度计采用四条引线 C_1、C_2、和 P_1、P_2,若 $R_{C_1} \neq R_{C_2}$,可用图 2-28a)和 b)两次平衡测量，C_1 和 C_2 的电阻值保持不变，调节 A 端滑线电阻器，使 $R_1 = R_2$，则有：

a) $$R_a + R_{C_1} = R_x + R_{C_2} + R_3$$

b) $$R_b + R_{C_1} = R_x + R_{C_2} + R_3$$

两式相减可得： $$R_x = \frac{1}{2}(R_a - R_b)$$

这样可以消除引线电阻 C_1 和 C_2 对测量的影响，另外，引线电阻 P_1 和 P_2 是处在检流计的回路上，在平衡时检流计指零，没有电流流过，这样 P_1 和 P_2 也不会影响 R_x 的阻值。

2. 电位差计法

对小电阻的测量也常用电位差计法，如图 2-32 所示，被测量电阻采用四引线，两根电流引线 C_1 和 C_2，两根电压引线 P_1 和 P_2，在测量回路中串联一个标准电阻 R_N，以测量流径 R_X 和 R_N 的电流 I_1 的大小，再把测量回路与电位差计被测端相接，在测量回路中，平衡时电压引线 P_1 和 P_2 上无电流，而电流引线 C_1 和 C_2 上电势差又不被测量，所以这种方法本身就消除了引线电阻对测量的影响，在测量中，只维持 I_1 不变，则

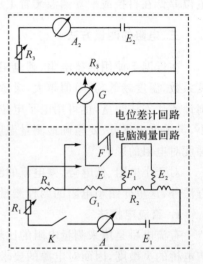

$$R_s = \frac{U_x}{I_x}$$

而 I_x 和 I_1 处于同一回路，应该 $I_x = I_1$，并在回路内串联一个标准电阻 R_N，电流 I_1 流径 R_1、R_N、C_1、R_x 和 C_2，测量 R_N 上的电位降 U_N 可以确定 I_1，即

图 2-32　电位差计测电阻

$$I_1 = I_x = \frac{U_N}{R_N}$$

代入上式得

$$R_x = R_N \cdot \frac{U_x}{U_N}$$

其中，U_x、U_N 分别为 R_x 和标准电阻 R_N 上的电位降。

四、乱真电动势的消除

在直流测量法中，尤其是低电势和小电阻的测量中，必须消除乱真电势对测量影响，使它尽量地减少，或设法测量它的大小，从被测的电势或电阻中去掉。

1. 换向测量

直流电桥和电位差计本身由许多电阻元件、开关和导体焊接而成，它和外电路一样也具有乱真电势，但是由于设计合理和环境稳定，其乱真电势往往比外电路小，为了消除整个测量电路中上述两种乱真电势对测量的影响，在用直流电桥测量电阻时，可以将电源方向正反两次测量，由于换向测量时乱真电势并不改变方向，因此正反两次测量结果再取平均值即可消除其影响，用直流电位差测电阻时，由于电位差计不能测负电势，因此必须同时使待测电阻供电电源（E_1），电位差计供电电源（E_2）和标准电池反向（参考图 2-29），这一点必须予以注意，如果只要观察电位计的乱真电势，则把待测端短路就可以了。

用电位差计测量热电偶的热电势时,如在测量低温固体热导采用差分热电偶测量样品在两个不同位置的温差,可以在零温差下把热电偶引线连接到电位差计未知端上,测量其值 V_{01},调换线再测为 V_{02},由于电位差计等室温部分电路的乱真电动势 ΔE_0,在调换接头前后没有改变,而热电偶线不均匀引起的乱真电势 ΔE_{02} 在调换接头时随之相反,即

$$\Delta E_{01} = \frac{1}{2}(V_{01} + V_{02})$$

$$\Delta E_{02} = \frac{1}{2}(V_{01} - V_{02})$$

于是,在测量温差时可以扣除这些乱真电动势,当然,乱真电动势不是恒定不变的,所以用这种办法只能部分地消除其影响。

2. 安装和操作时注意事项

测量仪表,开关和导线组成的测量回路,尽量选择单一材料组成,应用铜的导线和铜的开关等,例如,导线可选用表面清洁无镀层的铜(单股或多股),开关可选用乱真电势小,散热好的"无热电势开关"等,某些用于无线电镀铬的铁触点开关甚至会产生几十微伏的乱真电动势。低电势的电路中尽量少接开关,拨动开关后待温度平衡后再测,电位差计中电阻由锰铜线绕制而成,对铜的温差电势约为 $1\mu V/K$,因此要尽量使各部分温度均匀,不能放在热源附近,焊接电路时要注意清洁处理,以免产生化学乱真电势,采用中性助焊剂,另外还要防止漏电。

五、数字式温度计

近年来,数字式直读仪表发展迅速,仪表的准确性也越来越高,数字显示,分辨率高,操作简单,用数字电压表代替手动的电位差计和精度较差的毫伏计,能提高测温准确性,并能替代繁复的手工操作,还能和计算机联合(接口)进行自动测温和控制。数字式温度计把电势信号转换成数字温度信号,直接在显示面板上显示出被测温度值,显得更加直观和方便。

数字式温度计基本组成由:

(1)感温元件:主要有热电偶和热电阻二大类,把温度转换成电势和热电阻;

(2)桥路部分:其作用对热电偶冷端进行温度自动补偿,把热电阻随温度变的电阻信号转换成电压信号;

(3)线性化器:由于感温元件信号与被测温度之间呈非线性关系,因而对它输出进行补偿以保证测量的精度;

(4)显示部分:线性化的输出电压经 A/D 转换器把模拟量转换成数字信号,送至七段发光二极管显示,示值清晰,直观可靠;

(5)调节执行部分:调节式仪表由设定值、比较器以及按不同控制方式执行的调节输出电路,位式仪表的输出信号是继电器的开关信号,也可以是触发固态继电器的电源电压信号,连续调节式仪表的输出信号是移相脉冲,过零脉冲或 $0\sim10mA$ 直流信号,也可是触发固态继电器的过零脉冲信号。

直读式数字温度计感温元件由热电偶、热电阻、P−N 结半导体、热敏电阻等,它们之间不可互换,即使同种热电偶也只能配一种型号,因为不同类型的热电偶,温度与热电势对应关系不一样,总的说来,直读式数字或温度计由感温元件、测量电路、放大器、模数转换器、线

性化器、计数器以及数字显示器等组成,对于多路测量的数字式温度计,其输入部分还设有自动多点切换装置。

1. 输入选点线路

在热电偶或热电阻测量中,每支温度计需配一个显示仪表,仪表利用率很低,常采用多路共表测量,在多路测量时,需要不断切换各热耦的测量线路,如果测量路数不多时,可用无热电势多点转换开关,最多可测 10 支热电偶,此种转换开关触点由紫铜制作且浸在变压器油中,接触电势极小或无电势开关。

在控制室内,多路测量常需自动切换各路测量点,在切换频率不高时,多使用干簧继电器作切换开关,干簧继电器断开时开路电阻大,接通时接触电阻小,密封的玻璃管内有一对触点,触点附在高导磁,低矫顽力坡莫合金片上,管内充以氮气以防触点受热氧化,在激磁线圈内放入 1~4 个玻璃管。当线圈内有电流流过时,两个簧片由于磁化作用而吸合,触点接通,当线圈无电流时,磁场消失,触点断开,控制线圈内电流通和断,可使干簧断电器断开与闭合,以实现自动切换。

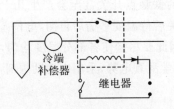 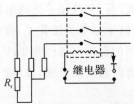

图 2-33　热电偶切换线路　　　　图 2-34　热电阻切换线路

图 2-33 热电偶切换线路,图 2-34 为热电阻切换线路,这种切换线路组合为多点切换时,每个感温元件由各自的继电器来控制其测量回路的通与断,如果测温点很多,要有相应的干簧继电器,控制开关以及连线,这样安装、检查、维护都不方便,常可用矩阵式控制线路,如图 2-35 所示,由 m 根横母线和 n 根竖线交叉组成矩阵,在各交叉点间,接上干簧继电器(共 $m \times n$ 个),控制 $m \times n$ 个测量点,各横母线开关 K_{A_1}、$K_{A_2} \cdots K_{A_M}$ 和电源正极相连,各竖母线分别经开关 K_{B_1}、$K_{B_2} \cdots K_{B_N}$ 和电源负极相连,电路共使用 K_A 和 K_B 两组共 $m+n$ 个开关,安装 $m+n$ 根控制线,这就是说用 $m+n$ 组控制线和控制开关便可控制 $m \times n$ 个干簧继电器,控制开关和控制线的数量可以减少。

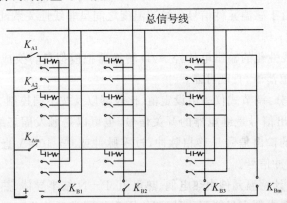

图 2-35　矩阵控制线路

2. 补偿桥路

对于以热电偶为感温元件的数字式温度计,由于热电偶必须要有一个固定的参考点温度,在使用上带来不便,在电路设计上采用桥式电路,如图 2-36 所示,把热电偶的测量臂和用于室温变化补偿的铜电阻分别接在电桥的相邻二个臂上室温变化对热电偶的影响相互抵消,因此此类仪表把室温作为固定参考点温度,从而省去了固室点温度,室温变化引起热电势变化得到补偿。

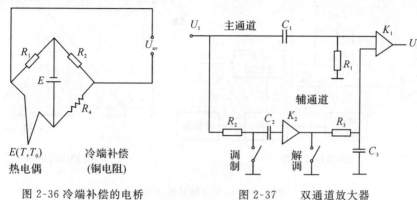

图 2-36 冷端补偿的电桥　　　　　图 2-37　双通道放大器

3. 前置放大器

前置放大器用来放大热电偶输入的热电势,是一个直流放大器,同时还起着阻抗匹配,隔离和抗干扰的作用,对这种前置放大器的要求是漂移小、噪声低、线性度好、输入阻抗大、频带宽和具有好的抗干扰性能,数字式温度计中常采用由运算放大器组成的调制型双通道自动稳零直流放大器,差动式直接耦合放大器虽有很宽的频带,但温度漂移大;调制式直流放大器漂移很小,但频带很窄;调制型双通道自动稳零直流放大器的优点,具有低零漂,宽频带的优点,它适用于数字式温度计,图 2-37 双通道放大器原理图。放大器由放大系数为 K_1 的主放大器和放大系数为 K_2 的辅助放大器组成主辅两通道,辅放大器是一个零漂很小的调制放大器,输入信号的直流分量和低频成分经调制放大器放大后,由 R_3、C_3 滤波再送入主放大器。如放大器输出端的漂移量为 ΔU_2,则折合到输入端漂移量 ΔU_1 为

$$|\Delta U_1| = \frac{\Delta U_2}{K_1 K_2} = \left(\frac{\Delta U_2}{K_1}\right)/K_2$$

这表明漂移量比直接耦合式放大器减少到 $1/K_2$,辅助通道频带宽窄,对高频信号放大系数比较小,而高频信号主要通过电容 C_1 在放大器中予以放大,整个放大器的输出电压 u_2,和输入电压 u_1 关系为

$$|u_2| = (K_1 + K_1 \cdot K_2)u_1 = K_1(1 + K_2)u_1$$

对于高频信号,K_2 值虽小,但 K_1 值很大,因此,双通道放大器频带很宽,放大系数也很大,又具有低的零漂,非常适合在数字温度计中使用。

4. 模数(A/D)转换器

由于经前置放大器放大的热电势必须转换成数字量,模数转换器主要进行电压—数字的转换。

模数转换器是一种将电压直接转换成数字量,它是通过被测电压和一套每个电压相差一倍的标准电压组逐步进行比较,最后以转换成数字量,另一种间接转换法,先将电压转换

成时间间隔或频率,然后再转换成数字量,常用的双积分式模数转换器,具有抗干扰能力强优点故使用较多,其主要原理如下:

双积分式模数转换器的工作原理如图 2-38 所示,它的工作过程分采样和比较两个阶段,在采样阶段内 K_1 接通,积分器对输入电压 U_{sr} 进行固定时间积分,积分器从零态开始积分,时间为 T_1,当积分到 t_2 时,积分器输出电压 U_{sc} 为

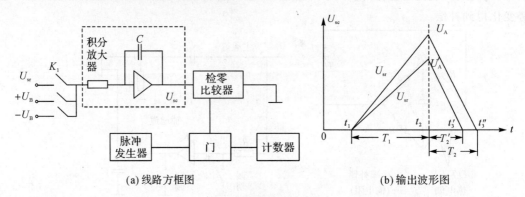

(a)线路方框图   (b)输出波形图

图 2-38　双积分模数转换器

$$U_{sc} = -\frac{1}{RC}\int_0^{T_1} U_{sr}\,\mathrm{d}t = U'_A$$

输入电压 U_{sr} 在 T_1 时间间隔内的平均值 $\overline{U}_{sr}$ 为

$$\overline{U}_{SR} = \frac{1}{T_0}\int_0^{T_1} U_{sr}\,\mathrm{d}t$$

得　　　　　　　　　　$$U'_A = -\frac{1}{RC}T_1\overline{U}_{sr} \tag{2-70}$$

T_1 阶段结束后,比较阶段开始,此时开关 K_1 断开,K_2 和 K_3 接通,把与 U_{sr} 极性相反的基准电压 U_B 接入,积分器的输出电压开始回复,当积分器回到原始状态时停止积分,这时其输出电压为零,这段时间用 T'_2 表示,当 T'_2 阶段结束时,检零比较器输出一个控制脉冲。开关 K_2 或 K_3 断开,定值积分结束,这时积分器的输出电压 U_{sc} 为

$$U_{sc} = U'_A - \frac{1}{RC}\int_0^{T'_2} U_B\,\mathrm{d}t = 0$$

得　　　　　　　　　　$$U'_A = \frac{1}{RC}T'_2 U_B$$

由式(2-70)和上式得

$$T'_2 = -\frac{T_1}{U_B}\overline{U}_{sr} \tag{2-71}$$

式中 T_1 和 U_B 都是已知值,因此积分时间 T'_2 可以表示输入电压 $\overline{U}_{sr}$ 的数值,图 2-35b)表示输入两个不同电压 U_{sr1} 和 U_{sr2} 时积分器的工作情况,输入电压 U_{sr} 愈大,则 U'_A 的数值也愈大,T'_2 数值也大,在 T_2 阶段结束时,检零比较器又开始动作,计数器所计得数反映了输入电压 U_{sr} 数值,这种转换器在一次转换中进行了两次积分,故称双积分式模数转换器。

双积分式模数转换器对串模干扰的抑制能力强,串模干扰是指迭加在被测直流信号上的交变干扰信号,在工频 50Hz 及倍频的串模干扰经常出现,在双积分模数转换器中,干扰

信号在时间 T_1 内也被积分,则干扰信号的积分值为零,所以,这种模数转换器具有很好的串模干扰抑制能力,另外,从式(2-71)中知道,积分电容 C、电阻 R 等都不影响测量结果,所以这种仪表可长期,稳定地工作。但其缺点是测量速度较慢,最快采样时间 1/50 秒。

5. 线性化器

感温热电偶的电势值和温度之间关系多为非线性关系,如铜—康铜热电偶的灵敏度,在 273K 时为 $38.74\mu V/K$,在 150K 时为 $25.6\mu V/K$,50K 时降到 $12.2\mu V/K$,50K 以下灵敏度更低,以致无法使用,把热电势与温度的非线性关系,经过线性化器输出可以变为电势温度的正比关系。

根据感温元件的非线性关系来恰当地控制模数转换器非线性关系,使二者相互补偿,此时,线性比的量是脉冲量,故具有很高的准确度,其基本原理图也可用图 2-35 表示,所不同的只是基准电压 U_B 不是固定数值,而是一组与温度对应的热电势数值,积分器工作时,根据线性化的需要,在 T_2 时间内不断改变基准数值,使积分器的输出呈现所要求的折线经达到补偿的目的。

双积分式模数转换器中积分器的输出波形如图 2-39 所示,T_2 值由式(2-69)得,当 T_1、U_B 一定时,T_2 正比于 U_{sr},如 U_{sr} 不变而 U_B 变化,输出波形也相应变化,U_B 增大,定值积分的斜率增大,T_2 减少为 T_2';U_B 减少,定值积分的斜率减小,T_2 增大到 T_2'',因此改变 U 的大小可以使 T_2 变化,从而达到线性补偿目的。

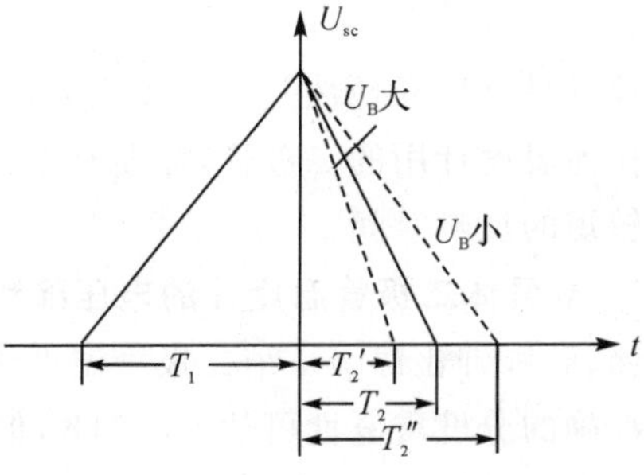

图 2-39 积分器输出波形图

6. 计数显示

计数显示装置一般由计数器、寄存器、译码器和显示器组成,从线性化器来的累计脉冲量经计数显示装置后,给出温度数值的显示。

计数器首先将线性化器来的脉冲(二进位制)编码这十进制的数码。

寄存器用来把计数器输出的数码暂时寄存起来,以便进行一些必要的处理或者使显示稳定地显示出温度数值。

译码器用以将寄存器输出的二进制数码"翻译"成相应的十进制数字。

显示器将译制的十进位显示,常用的显示器有辉光数字管、荧光数字管、发光二极管、液晶显示器。数字式温度计中多采用辉光数字管和荧光数字管。

第八节 半导体二极管温度计和电容温度计

一、半导体二极管温度计

半导体二极管温度计是利用二极管在稳定的正向电流的条件下,正向电压随温度的降低而增加的原理而制成的。正向电压对电流较敏感,因此必须注意电压引线的极性。

半导体二极管温度计的硅二极管是结合气相外延技术和扩散技术做成的。它由高电导硅衬底上生长一个薄的外延层作材料,用通常的平面双扩散技术制备成 $p-n$ 结。在引线接触做好以后,二极管密封装入一个塑料管壳内。封装前,二极管用一个玻璃罩保护,防止外界环境的影响。

砷化镓二极管实验样品是用液相外延生长技术制备的。p 型外延层掺锌杂质浓度是每 cm^3 的原子数为 10^{19},厚度大约 $12\mu m$。衬底为 n 型 GaAs,掺杂浓度为每 cm^3 原子数约 6×10^{16}。

1. 半导体二极管温度计的性能

砷化镓二极管温度计在 $1\sim400K$ 温度范围内显示出近似的线性关系,灵敏度足够高。对于硅的灵敏度,在 4.2K 时为 5.0mV/K,在 77K 时为 2.75mV/K。锗 p-n 结二极管温度计在 $20\sim100K$ 温度范围内电压降随温度变化曲线是光滑的,而在 20K 以下灵敏度突然升高。可是经室温至低温多次冷热循环之后复现性不好。砷化镓 p-n 结二极管温度计在低温时灵敏度稍差,但是复现性较好。硅 p-n 结二极管温度计灵敏度和复现性较好。

半导体二极管温度计有如下的优点:(1)可在 $1\sim100K$ 温度范围测量;(2)和半导体电阻温度计相比,受磁场影响较小;(3)作为温度计的半导体二极管比较容易得到;(4)价格便宜。

缺点是:(1)复现性差;(2)体积大;(3)不能作点的温度测量。

作为温度计用的二极管,需要有密封套装置,抽真空后充氦气。这样可得到较好的稳定性和较短的反响时间。

2. 半导体二极管温度计的电压降和温度关系式

锗、硅和砷化镓 p-n 结二极管温度计已有商品生产,可在 $1\sim400K$ 宽的温度范围使用,通过准确的分度重复性可达 $\pm0.01K$,但是在整个温度范围还没有一个理想的插补公式。

一个简单描述 p-n 结二极管温度计电压降和温度的关系,适用于 $1.5\sim300K$ 的温度范围。当温度计的工作电流不变时,电压降和温度关系的插补公式为:

$$\Delta V = E_1 - E_2(a + T_r)(b + \ln T_r) \tag{2-72}$$

$$T_r = \frac{T}{T_1 + 1} \tag{2-73}$$

式中的 E_1、E_2、a、b 和 T_1 五个常数通过在五个不同温度下所测得的电压降来决定。

二、电容温度计

电容温度计的原理是利用电容器介质的介电常数 ε 随温度有显著的变化,使得电容器的电容值随温度有显著的变化。

电容温度计用钛酸锶(SrTiO$_3$)结晶玻璃,这种材料在液氦温度下显示出介电常数随温度有较大变化的特性。电容器由 51 层 5mm×2mm×1mm 的薄片构成,每一薄片都由玻璃介质和金—铂合金电极组成。介质薄片的厚度为 0.025mm。在 4.2K 时电容器总电容值为 20nF 左右。

1. 电容温度计的性能

电容温度计的最大特点是不受磁场的影响,即使在 150kg 的强磁场下,影响也仅在 $\pm1mK$ 之内。这种性质对于研究超导强磁场工作,是最迫切要求解决的。

在 $0.1\sim72K$ 的温度范围,相应的电容为 $11\sim19nF$,在这个温度范围内,电容随温度的增高而单调增大。在 5.2K 以下电容和温度关系是线性的。在线性范围内,其灵敏度很大,

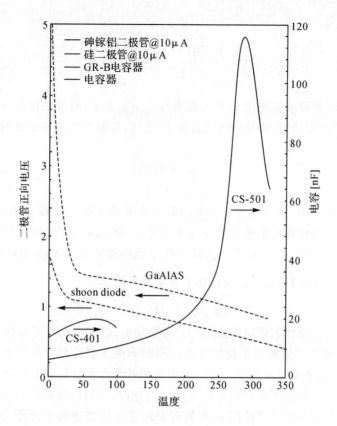

图 2-40　二极管和电容温度传感器温度特性

Source：Cryogenic temperature sensor and instrumentation overview，Lakeshore，CEC/ICMC1999

大约为 250pF/K。在液氦温度下自热很小，大约是 70pW，并随温度的降低而降低，热响应时间快，重复性为 ±13mK 左右。当把电容温度计浸入液氦时发现电容值漂移。没有套管保护时，氦气渗透对温度计会有影响。若将组件密封在铂壳中，并采用银引线之后，可降低瞬时电容漂移对测量的影响，因而可以显著地改善重复性。

电容温度计的优点是：(1)对磁场的影响不灵敏，这是现在各种电阻温度计，热电偶温度计或其他温度计所不能相比的；(2)有较高的灵敏度；(3)自热效应小；(4)热响应时间快；(5)有较好的机械性能。

缺点是：(1)稳定性不好；(2)存在瞬时电容漂移。

2. 电容温度计的电容和温度关系式

电容温度计在 0.1～30K 温度范围使用，有如下的电容和温度关系式：

$$C=A+\frac{B}{T} \tag{2-74}$$

式中的 A 和 B 是常数，测量两个温度的电容就可决定。

第九节　磁温度计

磁温度计的测温原理是磁化率 X 与温度存在一定关系,测得磁化率 X,即可测得温度。

磁化率 X,即磁化强度 M 与外磁场强度 H 之比,与温度的关系是根据居里定律由下式确定的:

$$M = CH/T \tag{2-75}$$

或

$$X = C/T \tag{2-76}$$

式中的 C 称为居里常数,其数值等于 $N\mu^2/3k$;N 为阿伏加德罗常数;μ 为磁矩,在这个经典公式中用量子理论的有效玻尔磁子数 $\mu_{有效}$ 来代替 μ,而 $\mu_{有效}^2 = g^2\beta^2 J(J+1)$。这样,居里常数 $C = Ng^2\beta^2(J+1)/3k$,式中的 J 为磁量子数;g 为朗德劈裂因子;β 为玻尔磁子,其数值等于 $\dfrac{eh}{2mc}$;k 为玻耳兹曼常数,磁化率可由如下表示式来描述

$$X = Ng^2\beta^2 J(J+1)/3kT = C/T \tag{2-77}$$

严格地遵守居里定律的顺磁性盐,称为"理想顺磁性盐"。这样可以认为磁温度 T' 和热力学温度 T 是一致的。但是由于盐体的几何形状和由于磁的相互作用形成的洛伦茨内部所产生的复杂影响,就不能认为 $T'=T$。大多数顺磁性盐在极低温下偏离居里定律,不能像气体温度计维里系数修正那样用简单的方法加以克服。因此,磁温度计只能作为实现实用温标的一种仪器。1976 年 0.5K 至 30K 暂行温标建议使用磁温度计作为实现这个温标的内插仪器。将顺磁性盐的磁化率作为温度计的参量。通常将顺磁性盐置于互感线圈中。用互感电桥得出互感的读数,可得顺磁性盐的磁化率 X 与 T_{76} 之间的关系:

$$X = A + \frac{B}{T_{76} + \Delta + \dfrac{\gamma}{T_{76}}} \tag{2-78}$$

式中的常数 A 和 B 与顺磁盐、线圈系统和互感电桥有关,常数 Δ 和 γ 表示顺磁性盐的磁化率偏离居里定律,与顺磁性盐的结晶状态(单晶或粉末状)、取向和样品的形状有关。为了决定常数 A、B、Δ 和 γ,一般要求磁温度计在四个温度点上定标。这些点可以在 1976 年 0.5K 至 30K 温标规定的参考点选取。

2-78 式也可以用下式来代替:

$$X = A + \frac{B}{T_{76}} + \frac{C}{T_{76}^2} + \frac{D}{T_{76}^3} \tag{2-79}$$

对于磁温度计,1976 年 0.5K 至 30K 温标没有明确规定顺磁性盐的种类。在 2～20K 温度范围钕硫酸乙基[$Nd(C_2H_5SO_4)_3 \cdot 9H_2O$]是最合适的顺磁性盐,有足够高的灵敏度。硫酸亚锰[$Nd(C_2H_5SO_4)_3 \cdot 9H_2O$]和硫酸钆[$Gd_2(SO_4)_3 \cdot 8H_2O$]是 20～90K 温度范围最合适的顺磁性盐。硝酸镁铈[$CeMg_{15}(NO_3)_6 \cdot 12H_2O$]是 0.01～2K 温度范围最理想的顺磁性盐。

一、磁温度计的结构

磁温度计的结构如图 2-41 所示。仪器基本上是由玻璃制成。顺磁性盐样品 16 放在一

组互感线圈中心处。三个次级线圈绕在玻璃圆筒 8 上。初级线圈 12 安装在第二个玻璃管 9 上,和圆筒 8 连接由 18 粘合。顺磁性盐样品是粉末状小晶体,装在一个薄壁球内,为了有良好的热接触充少量氦气。锗电阻温度计 3 和 4 要远离互感线圈,因此锗电阻温度计在真空室上部。通过多根 0.2mm 的涂漆绝缘铜线使锗电阻温度计封壳和封有顺磁性盐的玻璃球内进行热接触。铜丝由两个玻璃棒 10 和 11 支承。玻璃球和锗电阻温度计的装配由玻璃毛细管 6 悬挂,14 为一小片聚四氟乙烯用来固定玻璃球。热屏由玻璃圆筒 7 组成。仪器粘合由 1、5 和 18 来实现。

二、磁温度计测量温度的方法

图 2-42 为交流哈特松(Hartshorn)电桥。音频信号发生器在初级线圈产生一个信号,在 M_s 的次级线圈就感应一个信号。当温度变化时可调节互感器 M_v 和电阻 R,使示波器上波形成一直线。所以示波器是作零指示器来使用的,通过互感电桥的读数得出磁化率。互感电桥的匝数 n 和磁化率 X 有如下的关系:

$$n = \alpha + \theta \beta X \tag{2-80}$$

式中的 α 和 β 为常数;n 和 X 成直线关系,X 很容易决定。从而可以根据式(2-78)或式(2-79)来决定温度。

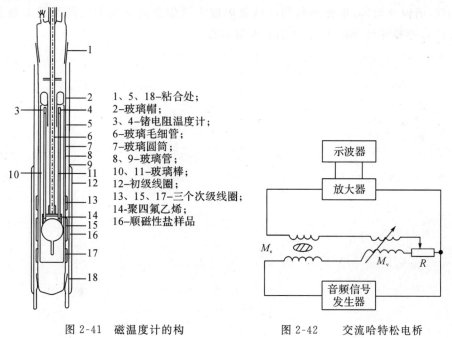

1、5、18-粘合处;
2-玻璃帽;
3、4-锗电阻温度计;
6-玻璃毛细管;
7-玻璃圆筒;
8、9-玻璃管;
10、11-玻璃棒;
12-初级线圈;
13、15、17-三个次级线圈;
14-聚四氟乙烯;
16-顺磁性盐样品

图 2-41　磁温度计的构　　　　　图 2-42　　交流哈特松电桥

习　题

1. 有一支简易恒容 H_2 气体温度计,在 0℃时充气,表压为 9atm,求表压为 2.5kg/cm² 时温包处的温度? 此时相对灵敏度(已知 $V_B = 15cm^3$、$V_M = 5\ cm^3$)?

上题中若考虑毛细管的体积 $V_C=0.1cm^3$ 经各项修正后精确温度是多少？不修正会产生多大误差？

2. 精密 N_2 蒸汽压温度计在 77.344K 充入 760mmHg 的纯氮气，求指示压力为 380mmHg 绝对压力时对应的温度？（按 IPTS-68）推荐方式计算，精确到 0.1K。

3. 实验室用的铂电阻温度计，0℃时阻值为 100 欧姆，求阻值为 35.48 欧姆时对应的温度？（精确到 0.5K）

已知 $W-1=A+BT+CT^2+DT^3+ET^4$，其中 $A=-1.1352$，$B=4.205\times10^{-3}$，$C=6.556\times10^{-7}$，$D=-3.9714\times10^{-9}$，$E=3.33\times10^{-12}$

4. 锗电阻温度计的定标方程为 $\ln T=B_0+B_1\ln R_e+B_2(\ln Re)^2+B_3(\ln Re)^3$，如果已知 10K 时 2000Ω，20K 时 200Ω，40K 时 30Ω，100K 时 6Ω、求定标方程常数，使用这一温度计，当阻值为 100Ω 时，对应的温度？并求此温度下灵敏度。

5. 渗碳电阻温度计的定标方程可用 $\lg R/T=a+b\lg R+c(\lg R)^2$ 表示，已知 4.2K 时为 1473.04Ω，77.4K 时为 16.0697Ω，300K 时为 9.00031Ω，求阻值为 50.000Ω 时对应的温度？

6. 铜—康铜热电偶温度计，参考点温度为冰点（0℃），已测得某温度的热电势为 $-1260\mu V$，求此温度，若用液氮（77.4K）作参考点温度，则此时的热电势应为多少？

7. 如果使用 Ac15/5 型检流计检查偶丝的不均匀性，若康铜丝通过液氮槽时有 10 分格的不均匀性，而铜丝均匀，求此热电偶在液氮温度下测温由此而引起的测温误差是多少？

已知 Ac15/5 型检流计内阻 40Ω，外临界电阻 40Ω

第三章　压力和真空的测量

压力是重要的热力学参数之一,所以它是保证设备安全和经济运行的重要手段。在制冷与低温工程中所有压缩式相变制冷装置、气体制冷机、气体液化等设备中都离不开压力的指示和测量。

第一节　概　　述

一、压力的概念

均匀而垂直作用于单位面积上的力称为压力。用公式表示

$$P = \frac{F}{A} \tag{3-1}$$

式中　F:作用力,其单位为牛顿(N);

　　　A:受力面积,其单位为平方米(m^2);

　　　P:压力,其单位为帕斯卡(Pa)。

压力单位帕斯卡(Pa),是牛顿/米^2,它是由国际单位制定的。目前在工程技术上,衡量压力的单位还有以下几种:

(1)物理大气压(标准大气压)。由于大气压随地方水平高度不同变化很大,所以国际上规定:等于水银在零摄氏度(水在 4 摄氏度)的密度下和在标准重力加速度时,高度为 760 毫米汞柱作用在底面上所产生的压力,国际符号 atm。

(2)工程大气压(at)。在工程应用中最广泛使用的一种压力单位。即 1 公斤力垂直而均匀地作用在 1 平方厘米的面积上所产生的压力,以公斤力/厘米^2 表示,国际符号为 kgf/cm^2。

(3)毫米汞柱、毫米水柱。即在 1 平方厘米的面积上分别由 1 毫米汞柱、1 毫米水柱的重量所产生的压力,国际符号为 mmHg,mmH$_2$O。

(4)巴。1 巴$=10^6$ 达因/厘米^2(dyn/cm^2),国际符号为 bar。各种压力换算关系见表 3-1。

表 3-1　压力单位的换算

	帕 (Pa) (N/m^2)	工程大气压 (at) (kgf/cm^2)	物理大气压 (atm)	毫米汞柱 (mmHg) (Torr)	毫米水柱 (mmH$_2$O)	巴 (bar)	磅力/英寸^2 (PSI*) (lb/in^2)
1 帕	1	1.02×10^{-5}	0.987×10^{-5}	0.75×10^{-2}	1.02×10^{-1}	10^{-5}	1.45×10^{-4}
1 工程大气压	9.80665×10^4	1	9.68×10^{-1}	7.36×10^{-2}	10^4	9.81×10^{-1}	1.42×10^1
1 物理大气压	1.01325×10^5	1.03	1	7.60×10^2	1.03×10^4	1.01	1.47×10^1

续表

	帕 (Pa) (N/m²)	工程大气压 (at) (kgf/cm²)	物理大气压 (atm)	毫米汞柱 (mmHg) (Torr)	毫米水柱 (mmH₂O)	巴 (bar)	磅力/英寸² (PSI*) (lb/in²)
1毫米汞柱	1.3332×10^2	1.36×10^{-3}	1.32×10^{-3}	1	1.36×10^1	1.33×10^{-3}	1.93×10^{-2}
1毫米水柱	9.80665**	10^{-4}	9.68×10^{-5}	7.36×10^{-2}	1	9.81×10^{-5}	1.42×10^{-3}
1巴	10^5	1.02	9.87×10^{-1}	7.50×10^2	1.02×10^4	1	1.45×10^1
1磅力/英寸2	6.895×10^3	7.03×10^{-2}	6.80×10^{-2}	5.17×10^1	7.03×10^2	6.89×10^{-2}	1

* PSI：Pounds per Square Inch

** 国际上将在纬度45°的海平面精确测得物体的重力加速度 g＝9.80665m/s² 作为重力加速度的标准值。

二、压力的分类

根据零点的参考压力不同,压力常用绝对压力、表压力、负压或真空度区分。

所谓大气压力,是指地球表面上分子运动时产生的压力。大气压力受地区、距海平面高度、纬度、气象情况和时间而改变。当纬度45°,温度0℃,重力加速度9.80665m/s² 的海平面上空气柱重量产生的压力为101325 Pa (760mmHg＝1atm),地区高度不同,压力相差很大,如兰州平均大气压为650mmHg,拉萨平均大气压只有580mmHg。

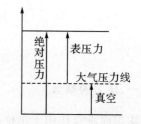

图 3-1　表压、绝对压力和负压
（真空）关系

绝对压力——液体、气体或蒸汽所处空间的全部压力,又称总压力或全压力,以 Pa 表示。

表压力——一般测压仪表所指示的压力,以 P 表示。当绝对压力大于大气压力时,它等于绝对压力与大气压力之差。

负压或真空度——当绝对压力小于大气压力时,它等于大气压力与绝对压力之差。它们之间的关系如图 3-1 所示。

第二节　液柱式压力计

应用液柱测量压力的方法是以流体静力学为基础,一般采用充有水或水银等液体的玻璃 U 形管或单管进行测量,其结构形式如图 3-2 所示。

在图 3-2(a)所示的 U 形管中,当一端接通压力 p_1,而另一端接通压力 p_2,而且 p_2 小于 p_1 时,U 形管两边管内液面便会产生高度差。这个差值就可以计算出两个压力差 $\Delta p(\Delta p＝p_1-p_2)$ 的数值。

根据静力平衡原理可知,在 U 形管 2-2 截面上,左边压力 p_1 作用在液面上的力等于右边高度为 h 的液柱加上压力 p_2 作用在液面上的力,即

$$p_1A＝(h\rho g+p_2)A \tag{3-2}$$

式中　A 为 U 形管内孔截面积;

　　　ρ 为 U 形管内所充工作液的密度;

　　　g 为 U 形管所在地的重力加速度;

　　　h 为左右两边液面高度差,$h＝h_1+h_2$。

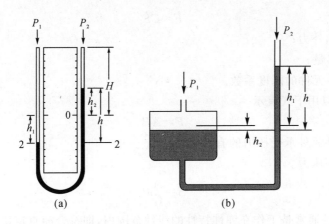

图 3-2　液柱测压法示意图

由上式可得

$$h = \frac{1}{\rho g}(p_1 - p_2) \tag{3-3}$$

式中$(p_1 - p_2)$为被测两压力之差。

由式 3-3 可见，U 形管内两边液面的高度差 h 与被测压力之差成正比。比例系数 $1/\rho g$ 取决于工作液的密度及当地的重力加速度。因此被测两压力之差 Δp 可用已知工作液高度 h 的毫米数来表示。

如果把压力 p_2 的一端改为通大气 p_0，则式(3-3)可改写为

$$h = \frac{1}{\rho g}(p_1 - p_0) = \frac{1}{\rho g}p_1 \tag{3-4}$$

此时 p_1 为被测压力的表压。

如果把 U 形管的一个管换成大直径的杯，即可变成如图 3-2(b)所示的单管，它的测压原理与 U 型管相同。只是杯径较管径大得多，杯的液位变化常常可略去不计，以使计算及读数简易。

上述这种测压方法适用于测量低压、负压或压力差，其测量误差对于 U 形管可达 2mm，单管可达 1mm。

第三节　弹性式压力计

弹性式压力计是根据弹性元件受压力后产生弹性形变与压力大小有关而制成的压力计。通过弹性元件将压力信号转换成弹性元件自由端的位移信号。因此，弹性式压力计由两个部分组成，即压力感应部分和位移变换器。

一、弹性元件的测压原理

弹性元件的测压原理是当弹性元件在轴向受到外力作用时，就会产生拉伸或压缩位移，力与位移之间的关系如下式：

$$F = CS \qquad\qquad (3-5)$$

式中　F——轴向外力；

　　　S——位移量；

　　　C——弹性元件的刚度系数。

　　轴向外力可以用下式表示

$$F = AP$$

式中　A——弹性元件承受压力的有效面积；

　　　P——被测压力。

则

$$S = \frac{A}{C}P \qquad\qquad (3-6)$$

　　由于弹性元件通常是工作在弹性特性的线性范围内，即符合胡克定律，所以可近似地认为 A/C 为常数，这样就保证了弹性元件的位移与被测压力呈线性关系，因此可以通过测量弹性元件的位移得到被测压力的大小。

二、弹性感压元件的特性

　　弹性感压元件的好坏决定了压力计的测量范围、测量误差、灵敏度和稳定性。他们结构形状虽然不同，却有着共同的特性。如弹性滞后、弹性后效和永久变形等，这对了解和正确使用这类压力计有一定的帮助。各种弹性元件的性质如表 3-2。

1. 弹性滞后和蠕变

　　弹性滞后是指弹性元件在加压和减压过程的输出特性不重合的程度，一般以两输出特性曲线间最大垂直距离 h（约在最大压力的 $1/2$ 处）表示，弹性元件最大位移用 S 表示，则滞后可用 h/S 的百分比表示，如图 3-3 所示。

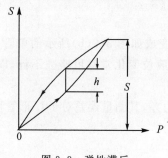

图 3-3　弹性滞后

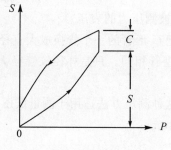

图 3-4　蠕变

　　蠕变是指弹性元件在测量上限压力下，保持一定时间，在此期间，元件慢慢地增加变形的现象即所谓的弹性元件的弹力减弱现象。在图 3-4 中，C 为蠕变形变量，用 C/S 百分比来表示蠕变程度。

2. 弹性后效和永久变形

　　弹性元件加压以后，当压力降为零时，弹性元件不能恢复原形，经过一段时间后，其弹性位移恢复一定数值，如图 3-5 中的位移量 a，称弹性后效，以 a/S 的百分数表示，即使经过一段时间，弹性位移也恢复不到零，所余位移量 b，称为永久变形，以 b/S 表示。

3. 比例极限

　　图 3-6 所示为弹性元件输出特性曲线。当压力超过某一值 P_0 时，特性变坏，位移与压

力不是线性关系，P_0 为弹性元件的比例极限。比例极限的大小，决定着弹性元件的测量范围和安全系数，其关系为：

安全系数＝比例极限/测量范围，一般安全系数取 1.5～2.0。

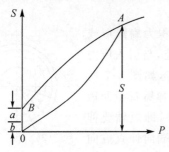

图 3-5　弹性后效和永久形变

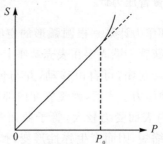

图 3-6　弹性元件输出特性

表 3-2　各种弹性元件的性质

类别	名称	示意图	测量范围（公斤力/厘米²）		输出特性图示
			最小	最大	
薄膜膜片	平海膜		$0\sim10^{-1}$	$0\sim10^{3}$	
	波纹膜		$0\sim10^{-5}$	$0\sim10$	
	挠性膜		$0\sim10^{-7}$	$0\sim1$	
波纹膜式	波纹管		$0\sim10^{-5}$	$0\sim10$	
弹簧管式	单圈弹簧管		$0\sim10^{-3}$	$0\sim10^{4}$	
	多管弹簧管		$0\sim10^{-4}$	$0\sim10^{3}$	

弹性滞后、蠕变、弹性后效和永久形变的存在是弹性元件动态性能差的原因，这些值越

小越好。在使用上要注意不能使弹性元件过载,不要让元件长期在上限压力下工作(一般不超过比例极限的 50%),以及用于测量频率较高的脉动压力。

三、弹簧管压力计

弹簧管压力计是一根圆弧形的空心管,其截面积为扁圆形或椭圆形,弹簧管一端固定在表壳基座上与管接头相连,与引入压力相通,另一端封闭,可自由移动,并与传动部分相连,如图 3-7 所示。当被测压力引入后,弹簧管在内部压力作用下,弹簧管截面短轴方向的内表面受力较大,管子截面有变圆的趋势,即短轴要伸展,长轴要缩短,因而产生弹性形变,弹簧管的自由端向伸直方向移动,当形变产生的弹性力与引入压力相平衡时,停止变形。弹簧管在通入压力后管子长度是不变的,加压前后的管长关系为:

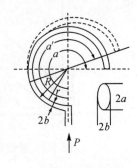

图 3-7 弹簧管受力情况

$$R\alpha = R'\alpha'; r\alpha = r'\alpha' \qquad (3-7)$$

式中　R——弹簧管弯曲圆弧的外半径;

　　　r——弹簧管弯曲圆弧的内半径;

　　　α——弹簧管中心角。

　　　R'、r'、α'——加压后的弯曲圆弧外径、内径和中心角。

将上式相减得:

$$(R-r)\alpha = (R'-r')\alpha'$$

$$由 \qquad\qquad 2b\alpha = 2b'\alpha' \qquad\qquad (3-8)$$

当弹簧管内充压后,截面短轴 $2b$ 增大,即 $b'>b$,由式(3-8)知,中心角必然变小,即

$$\alpha' < \alpha$$

中心角变小,自由端向外移动;当管内为负压时,自由端向内移动,α 增大。

设弹簧管充压后短轴和变曲角度的变化为

$$b' = b + \Delta b$$

$$\alpha' = \alpha - \Delta\alpha \qquad\qquad (3-9)$$

将式(3-9)代入式(3-8)可得:

$$\Delta a = \frac{\Delta b}{b + \Delta b} \cdot a \qquad\qquad (3-10)$$

式(3-10)说明:弹簧管弯曲圆度 α 愈大,以及管子截面短轴愈小,充压后角度变化 $\Delta\alpha$ 愈大。由此可知,多圈弹簧管比单圈弹簧管灵敏,扁平弹簧管要比椭圆弹簧管灵敏。

弹簧管的输出位移 $\Delta\alpha$ 实际上与诸多因素有关:管内压力、材料的性质(弹性模量和泊松比)、管壁的厚度、管截面的长短轴、管的弯曲半径 R 等,目前只能通过实验方法得到,对于薄壁($h/b < 0.7 \sim 0.8$)弹簧管,被测压力与弹簧管中心角相对变化值 $\Delta\alpha/\alpha$ 有如下经验公式

$$\frac{\Delta\alpha}{\alpha} = P \frac{1-\upsilon^2}{E} \cdot \frac{R^2}{bh} (1 - \frac{b^2}{a^2}) \cdot \frac{A}{B \cdot K} \qquad (3-11)$$

式中　$K = Rh/a^2$——弹簧管几何参数;

　　　a、b——弹簧管截面的长轴半径和短轴半径;

A、B——与 a/b 比值有关的系数；

R、r——弹簧管弯曲圆弧的外半径和内半径；$R=r+2b$；

h——壁厚；

E、υ——弹簧材料的弹性模量和泊松比。

由于材料和加工工艺不同等原因，经验公式与实验值常会有较大的差别。

弹簧管自上端的位移可通过杠杆机构带动的指针转动，如图 3-8 所示，这种机构的指针最大转角为 $180°$，通常做成 $90°$ 转角，单一的杠杆机构抗震性好。最常用的转动机构是杠杆加扇状齿轮机构，如图 3-9 所示。弹簧的自由端通过拉杆 3 带动扇形齿轮 4 回转，4 又带动固定仪表指针的中心小齿轮 8 转动。游丝 5 用来消除齿隙对指示的影响。这种机构可使指针转动 $270\sim280°$。对弹簧管压力计的选择必须考虑：

① 对被测压力计的精度、范围的要求；

② 介质的化学性质、温度、粘度、腐蚀大小，易燃易炸等；

③ 使用环境一般应低于 $50℃$；

④ 为了保证弹性元件在弹性变形安全范围内工作，最大压力不应超过满量程的 3/4，在波动较大的条件下测量，最大压力不超过满量程 2/3，最小压力不低于满量程的 1/3。

制作弹簧管的材料，要求有较高的弹性极限、抗疲劳极限和耐腐蚀、容易加工等，常用材料有锡青铜、磷青铜、合金钢和不锈钢等。

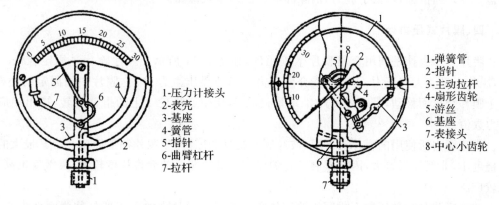

图 3-8　弹簧管压力计　　　　　　　　图 3-9　弹簧管压力计

单圈弹簧管压力计的测量很宽，真空、低压、高压（$0\sim10000\mathrm{kgf/cm^2}$）都可以测量，测量准确度达 $1\sim4$ 级，标准压力表有 0.4、0.25 级。

最常用弹簧压力计是气压表，但对于氧气表，表上常标上红色"禁油"的醒目字样。这种表严禁沾有油脂。因油脂在氧气中会氧化而引起爆炸。对于氢气表不能与氧气表互换，故表接口螺纹与氧气表相反。氨表必须由耐腐蚀的合金钢或不锈钢制作。对于耐腐蚀压力表，一般制成隔离式如图 3-10 所示。感压部分为隔离膜片，测量部分与一般压力表相同。外压首先作用在膜片上，使隔膜产生位移。此时封液也产生相应的压力，此压力推动单圈弹簧管自由端向外位移，通过扇形齿轮带动指针动作。封液为无腐蚀性的液体，常用的有甘油水溶液、硅油等。隔离膜材料有钽、哈氏合金、蒙乃尔合金。

对于耐震压力计，除采用结构比较坚固的杠杆传动机构外，扇形齿轮传动的压力表，可将表壳密封，使表壳内部充以阻尼油，用以减少环境震动引起的摆动。

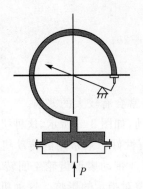

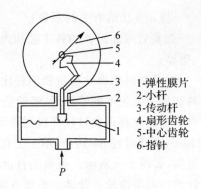

1-弹性膜片
2-小杆
3-传动杆
4-扇形齿轮
5-中心齿轮
6-指针

图 3-10　隔离式压力计　　　　　　图 3-11　膜片压力计

精密弹簧管压力表,如西安仪表厂生产的西仪 HEIS 精密压力表,准确性达到 0.1 级,测压范围 0~100kPa,0~700MPa,度盘直径 406mm,标尺长 2032mm(0~720°)。有单圈(CC 型)、双圈(CM 型)、和多圈(CMM 型)之分。双圈的弹簧管长约为普通型压力表弹簧管长的三倍。对于管接头管体整体成型,避免了钎焊焊接,减少了应力分布;转动部件铸成一体,保证转动部分同心;超声波清洗;中心轴采用微型轴承,减少摩擦;增长弹簧管长度;增加刻度标尺的长度,提高分辨率;同时还配以温度补偿、零点调节、防震机构、超压防止、回复调整等一系列措施,降低了应力、消除滞后、变形,增长寿命。

四、膜片式压力计

膜片式压力计是利用金属膜片感压元件,如图 3-11 所示。弹性膜片 1 固定在法兰中间,膜片上部为大气压力,下部承受介质压力。当外界压力为 P 时,膜片中间固定的小杆 2 由于膜片受压而移动,带动传动杆 3、扇形齿轮 4,使中心齿轮 5 上的指针偏转,指出相应的压力数值。

膜片压力所使用的膜片有平膜、波纹膜和挠性膜三种,平膜片制造简单。但其最大的允许挠度小,非线性误差大,因而限制了它的使用。波纹膜片的允许挠度较大,灵敏度也高,应用较广泛。

波纹膜片是一种压制而成同心波纹的圆形膜片。膜片中的平坦部分称为刚性中心,它和传动杆相连。

波纹的形状有正弦波形、圆形、梯形和锯齿形等,波纹形状对膜片特性影响较大。在一定压力下,压力与挠度为二次抛物线关系。锯齿波纹膜片的挠度最小,其特性曲线接近直线。梯形波纹膜片的特性介于正弦波纹膜片与锯齿波纹膜片之间。

膜片的厚度增加时,膜片的刚度增加,因此特性曲线的非线性增加。膜片的厚度一般在0.05~0.3mm 范围内。

膜片的波纹高度越大,膜片的特性越接近线性。但是增加了开始变形时的刚度,一般规定波纹高度在 0.7~1mm 之间。

常用的膜片材料有锡锌青铜和磷青铜,这些材料制成的膜片强度,延伸率大,能承受冲击和震动,特性曲线稳定。

挠性膜片的波形相似于波纹膜片,所不同的是它的膜材料是用丁腈橡胶和有机材料制作的,膜片只起到与被测介质隔离作用,把作用在膜片的压力传递给另一边的弹簧上,它的特性曲线基本上为一直线。适用于低压和真空的测量。

五、膜盒压力计

膜盒压力计是膜片压力计的一种改进，由两个或多个膜片焊接成一个或多个膜盒。这种膜盒结构可增加膜片中心位移，其挠度为单个膜片的两倍。如多个膜盒串联，则挠度更大。

图 3-12 为膜盒压力计结构示意图。当被测压力(负压)由导管 14 引入膜盒 1 时，膜盒产生位移，由此引起移动弧形架 4，带动曲柄 7、拉杆 9、拐臂 10 等，最后推动指针 5 指示出相应的压力(负压)值，指针偏转时，带动游丝 13 扭转，游丝用以消除传动机构之间的间隙。

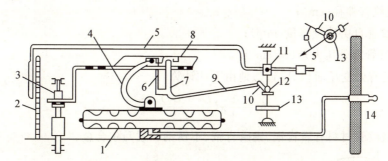

1-膜盒；2-刻度盘；3-零位调整；4-弧形架；5-指针；6-簧片；7-曲柄；
8-调整螺丝；9-拉杆；10-拐臂；11-固定指针套；12-固定轴；13-游丝；14-引压管接头

图 3-12　膜盒压力计

拐臂上有可调孔眼，用以改变拐臂的长度，以实现传动(量程)的粗调。传动比的细调是通过调整螺丝 8 改变曲柄 7 的短臂长度来进行的(微调螺丝的端部压簧片 6 上，引起簧片弯曲，改变了曲柄 7 的支点和簧片端部之间的距离)。零位调整是用螺丝 3 进行。

膜盒材料一般为磷青铜，膜盒压力计用于测量微压、负压，测量范围为 0～250Pa 到 0～40000Pa，−250～0Pa 到 −20000～0Pa，−120～120Pa 到 −20000～20000Pa，测量准确度为 2.5 级。广泛用于电厂烟、风系统的压力和负压测量。所以通常又俗称为风压表。

六、波纹管压力计

波纹管压力计是用波纹管作感压元件的。波纹管是一种圆柱薄壁金属管，沿圆周轧制成波形皱纹。波纹管有较大的伸缩能力，在测量低压时，它比弹簧管和膜片式压力计灵敏，而且能产生足以带动记录笔移动的力矩。其缺点是滞后大(5%～6%)，如在波纹管内加一刚度比它大 5～6 倍的弹簧时，测滞后可减少 1%。

图 3-13 示出了波纹管压力计(记录式)结构示意图。被测介质压力引入后，波纹管在压力作用下伸长或压缩，直至压力与弹性力相平衡，此时自由端产生的位移通过传动放大机构带动记录笔转动，指示并记录出相应的压力值。

波纹管压力计的测压范围 0～0.025MPa 到 0～0.42MPa，测量准确度为 2 级。

波纹管承受的压力与其自由位移之间的关系如图 3-14 所示特性曲线表示。在 A、B 两点之间的工作范围人内是线性的。在 A、B 两点以外是非线性的。

波纹管压力计的灵敏度定义为单位作用力引起波纹管自由端的位移量,其倒数为波纹管的刚度,其数值与弹性模量及几何尺寸有关。波纹管的灵敏度与波纹管的工作波纹数目成正比,与壁厚的三次方成反比。与管子外径内径比(D_2/D_1)的平方成正比。可用下式表示:

$$\frac{S}{P} = \frac{K \cdot n}{b^3} \cdot \left(\frac{D_2}{D_1}\right)^2 \tag{3-12}$$

式中,n—工作波纹数;

b—波纹管壁厚(mm);

D_1—波纹管内径(cm);

D_2—波纹管外径(cm);

S—波纹管自由端位移量(mm);

P—波纹管内外压力差(N/cm^2)。

波纹管的有效变压面积 A_e 近似地由下式计算:

$$A_e = \frac{1}{4}\pi(\frac{D_2 + D_1}{2})^2 \, cm^2 \tag{3-13}$$

常用的波纹管材料有磷青铜、锡磷青铜、不锈钢和蒙乃尔合金。

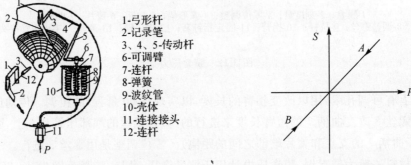

1-弓形杆
2-记录笔
3、4、5-传动杆
6-可调臂
7-连杆
8-弹簧
9-波纹管
10-壳体
11-连接接头
12-连杆

图 3-13　波纹管压力计　　　　　　　图 3-14　波纹管特性曲线

第四节　压力变压器

指针式弹簧压力表和液柱式静压计只能指示测压点的压力。远距离测压导致管路太长,易发生泄漏等安全隐患,对于高压、腐蚀、易燃、易爆介质的压力测量更危险。一般不希望压力信号管道进入控制室。管路长还导致压力信号传输延迟,动态特性变差,误差增加。另外还要对压力管道防冻、防热保护。

为了适应远距离传送、自动记录、自动调节和联机运行的需要,通常将测压弹性元件的输出位移或力变换成电或气的信号,为此产生了压力变换器。压力和压差变换器都是根据位移和力的平衡原理制成的。两者结构基本相同,只是检测元件有些区别:一般压力变换器的检测元件是弹簧管和波纹管,而压差变换器的检测元件常是膜片和膜盒。

压力、压差变换器分气动和电动两种。对于易爆、易燃环境工作的变换器,宜用气动压力变换器。随着科技的发展,电动压力变换器发展更快。这两种变换器有不同的规格系列产品,适用于测量各种液体、蒸气和气体的压力、压差、液位参数。压差变换器与节流装置相配合,还可以测量连续流动的液体、气体和蒸汽的流量。并把这些压力参数或比例转换成统一的电或气信号,送至相关的电动或气动单元仪表,实现压力、压差、液位和流量的显示和调节。

电动压力变换器可把被测压力信号变换成电信号,并能对电信号进行远距离传送和测量。由于测量范围宽,准确度高,在自动检测、报警和自动控制中应用较多。

电动压力变换器一般由压力敏感元件、传感元件、测量电路和辅助电源等组成。

敏感元件也称感压元件,是直接感受压力并把压力信号转换为位移信号的元件,如弹簧管、膜片、膜盒和波纹管等。

传感元件可直接感受压力,也可以不直接感受压力,可把敏感元件产生的非电量(如位移)信号转换成电量信号。

测量电路能把传感元件输出的电信号进行加工和处理,如放大、运算等,使之成为显示、记录或控制的统一标准信号。

按照变换原理分类,可将变换器分为电感式、电阻式、电容式等。

一、电感式压力变换器

电感式压力变换器是利用线圈电感或互感的改变来实现信号转换的,它可以把输入的各种机构物理量如位移、振动、压力、应变、流量、比重等参数转换成电信号,因此,能满足信息的远距离传输、记录、显示和控制等方面的要求。其电感测量电路大致有:交流电桥式、交流分压器式以及谐振式等几种。现主要介绍交流电桥式。

(一)差动式交流电桥

图 3-15 为差动式交流电桥的示意图。电桥由交流电源 $E_\sim$ 供电,Z_1、Z_2 为电感检测线圈的阻抗(其电感为 L,损耗电阻为 R_s)组成电桥的两臂,另两臂各为电源变压器次级线圈的一半(每半边的电势为 $E/2$)。

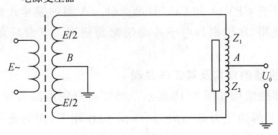

图 3-15　差动式交流电桥

由图可知电桥的输出电压为

$$U_0 = U_{AB} = \frac{Z_2}{Z_1 + Z_2}E - \frac{1}{2}E = \left(\frac{Z_2}{Z_1 + Z_2} - \frac{1}{2}\right)E \tag{3-14}$$

当铁芯处于电感检测线圈中间位置时,若二线圈绕得完全对称,则两边电感 L 和损耗

电阻 R_s 相等,即 $Z_1 = Z_2 = Z$,很显然这时电桥平衡、输出电压 $U_0 = 0$。

当铁芯向下移动时,则下线圈阻抗增大,上线圈阻抗减少,即 $Z_2 = Z + \Delta Z$,$Z_1 = Z - \Delta Z$,于式(3-14)变成

$$U_0 = (\frac{Z + \Delta Z}{2Z} - \frac{1}{2})E = (\frac{\Delta Z}{2Z})E \tag{3-15}$$

也可写成

$$U_0 = \frac{\omega \cdot \Delta L}{2\sqrt{R_s^2 + (\omega L)^2}}E \tag{3-16}$$

式中 ω 为电源角频率。

反之,当铁芯向上移动同样大小的距离时,则 $Z_1 = Z + \Delta Z$,$Z_2 = Z - \Delta Z$,代入式(3-14)变成

$$U_0 = (\frac{Z_2}{Z_1 + Z_2} - \frac{1}{2})E = (\frac{Z - \Delta Z}{2Z} - \frac{1}{2})E = -\frac{\Delta Z}{2Z}E \tag{3-17}$$

也可写成

$$U_0 = \frac{-\omega \cdot \Delta L}{2\sqrt{R_s^2 + (\omega L)^2}}E \tag{3-18}$$

讨论

1. 为了提高电感检测线圈的动态响应的要求,供电电源的频率应比铁芯的变化频率(被测参数的变化频率)高约 10 倍,这样还可以减少检测线圈受温度变化的影响,同时又提高转换输出灵敏度。但也增加了铁芯损耗和寄生电容带来的影响。

2. 比较式(3-15)和式(3-17),可以看出两者输出电压大小相等,方向相反。由于 E 是交流电源,所以输出电压 U_0 须先进行整流,滤波然后再进行电压——电流转换。

另一种电桥电路中是把两个检测线圈作为两个桥臂,用两个电阻(或电感、电容)作电桥的两个桥臂。

(二)应用实例—膜片式差压计

膜片式差压计广泛地应用在流量测量中,它由膜片式差压发送器及电动显示仪表两部分组成。这种系列产品有 CPV-A 和 CPC-B 型两种。A 型的膜片式差压发送器与 XCZ 系列的动圈指示仪配套使用,B 型则与电子差动仪配套使用。下面只介绍 CPC-A 型的测量电路。

1. 膜片式差压变换器的结构及其工作原理

膜片式差压变换器的结构如图 3-16 所示。当压差分别由高低导压管引入高压室 4 和低压室 5 时,膜片 6 在其两边压力差 $\Delta p = p_1 - p_2$ 的作用下,而向低压侧移动,通过连杆 7 使差动变压器的铁芯 8 随之移动。从差动变压器工作原理可知,其输出电压与铁芯移动距离 x 成一定关系,而距离 x 又与压差 Δp 成比例关系,所以差动变压器输出与压差 Δp 成一定的关系。

2. CPC-A 型的测量电路

CPC-A 型的测量电路如图 3-17 所示。由电源变压器、整流和稳压、多谐振荡器、差动变压器、相敏整流和动圈式指示仪等组成。

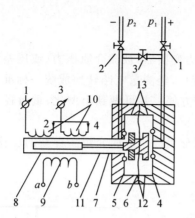

1-高压端切断阀(红色)
2-低压端切断阀(黑色);
3-平衡阀(黑色);
4-高压室;
5-低压室;
6-膜片;
7-非磁性不锈钢连杆;
8-磁性材料制成的铁芯;
9-差动变压器的初级线圈;
10-差动变压器的次级线圈;
11-非磁性材料的密封套管;
12-单向受压时保护用挡板阀;
13-单向受压时保护用密封环

图 3-16　膜片式差压变换器

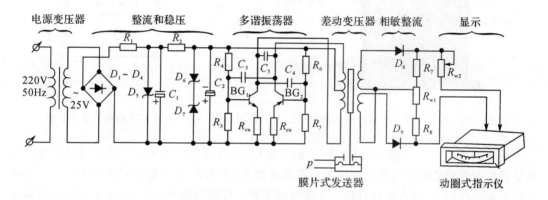

图 3-17　CPC-A 型的测量电路

由于多谐振荡器的输出电压与其直流供电电压有关,因此为了给多谐振荡器以稳定的直流电压,220V 交流电经电源变压器的变换后,得到 25V 交流电压,再经 $D_1 \sim D_4$ 晶体二极管桥式整流,滤波和晶体稳压管的二级稳压,最后得到一个约 8V 左右的稳定直流电压供给多谐振荡器。在第二级稳压电路中采用了二个相同型号的晶体稳压管 D_6、D_7 相互对接,以获得良好的温度补偿。

多谐振荡器由两个 3AX81 晶体三极管组成。振荡器的输出经谐振电容 C_5 滤去大于基频(1000Hz)的谐波分量,从而在差动变压器的初级得到约 8V、1000Hz 稳定的高频激励电压,差动变压器的两个初级线圈分别作为两个晶体管的负载。克服了为环境温度变化对仪表指示值的影响,在振荡器 3AX81 的射极分别接有温度补偿用的铜电阻 R_{cu}。

差动变压器输出的高频差动电压经晶体二极管 D_8 和 D_9、电阻 R_7、R_8 和电位器 R_{w1} 所组成的二支电路进行半波相敏整流。当差动变压器的铁芯处于偏离电气平衡位置时,分别经 D_8 和 D_9 整流后在负载电阻 R_7 和 R_8 上的直流电压,它们的极性相反,大小不等,其差值 ΔU,送给动圈式指示仪。由于 ΔU 与 Δp 成正比,而与被测流量成平方关系。指示仪上的标尺如果是按开平方关系分度的,则指示仪标尺的读数就与被测流量相对应。

电位器 R_{w1} 用来修正残存电压,以便调节仪表指示值的电气零点。而电位器 R_{w2} 可作为改变仪表的量程范围用。

二、电容式压力变换器

电容式压力变换器是一种微位移式压力变换器,被测介质压力(或压差)作用在可移的膜片上,利用膜片的微位移产生电容量的变化,经测量电路转换成统一标准信号输出,测量准确性可达 0.2%,可靠性很高,使用维护方便。并可做到小型化、重量轻、广泛应用于宇航、军工企业和民用工业中。

电容式压力变换器由测量和转换两部分组成。下面介绍一种新的位移式变送器的例子,其结构如图 3-18 所示。

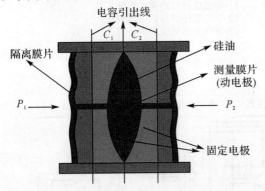

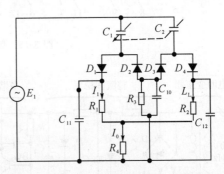

图 3-18 电容式差压传感器的原理图   图 3-19 差动电容式变换器的基本原理

被测压力 P_1、P_2 分别加于左右两个隔离膜片上,通过硅油将压力传送到测量膜片。该测量膜片由弹性温度稳定性好的平板金属薄片制成,作为差动可变电容的活动电极。在两边压力差的作用下,可左右位移约 0.1 毫米的距离。在测量膜片左右,有两个用真空蒸发法在玻璃凹球面制成的金属固定电极。当测量膜片向一边鼓起时,它与两个固定电极间的电容量一个增大,一个减小,通过引出线测量这两个电容的变化便可知道差压的数值。

这种结构对膜片的过载保护非常有利。在过大的差压出现时,测量膜片平滑地贴紧到一边的凹球面上,不会受到不自然的应力,因而过载后恢复特性非常好。图中隔离膜片的刚度很小,在过载时,由于测量膜片先停止移动,堵死的硅油便能支持隔离膜顶住外加压力,隔离膜的背后有波形相同的支撑,进一步提高了它的安全性。

分析电容式差压变送器的工作原理,首先要知道差动电容与压力的变化关系,设测量膜片在差压 P 的作用下移动一个距离 Δd,由于位移很小,可近似认为两者作出比例变化,即 $\Delta d = K_1 \cdot P$,K_1 为比例常数。

当未加压力时,测量膜片(动电极)位于中心位置,与两个固定极板之间的间隙相等,设为 d_0,引入压力后可动极板与左右固定极板间的距离将分别为 $d_0 + \Delta d$ 和 $d_0 - \Delta d$。设 C_1、C_2 分别为两侧的电容量,当膜片受压位移时,两电容量呈差动变化,分别为

$$C_1 = \frac{K_2}{d_0 + \Delta d}, \qquad C_2 = \frac{K_2}{d_0 - \Delta d}$$

式中 K_2 是由电容器极板面积和介质介电系数决定的常数。

联立求解上列关系式,可得出差压 P 与差动电容 C_1、C_2 的关系如下:

$$\frac{C_2 - C_1}{C_2 + C_1} = \frac{\Delta d}{d_0} = \frac{K_1}{d_0} P = K_3 \cdot P \tag{3-19}$$

这里 $K_3 = K_1/d_0$ 也是一个常数。

由上式可知,电容式压力变送器的任务是将 (C_2-C_1) 对 (C_2+C_1) 的比式转换为电压或电流。实现这一转换的方法很多,图 3-19 表示是一种测充放电电流的方法,正弦波电压 E_1 加于差动电容 C_1、C_2 上,若回路阻抗 R_1、R_2、R_3、R_4 都比 C_1、C_2 的阻抗小得多,则由图中可写出:

$$I_1 = \frac{I_0}{C_2\left(\frac{1}{C_1}+\frac{1}{C_2}\right)} = I_0\frac{C_1}{C_1+C_2}$$

$$I_2 = \frac{I_0}{C_2\left(\frac{1}{C_1}+\frac{1}{C_2}\right)} = I_0\frac{C_2}{C_1+C_2}$$

$$I_0 = I_1 + I_2$$

式中 I_1, I_2, I_0 均为经二极管半波整流后的电流平均值。

令 V_1、V_2、V_4 表示 R_1、R_2、R_4 上压降,即令 $V_1 = I_1R_1$,$V_2 = I_2R_2$,$V_4 = I_4R_4$,则可得:

$$\frac{V_1-V_2}{V_4} = \frac{C_1R_1-C_1R_2}{(C_1+C_2)R_4}$$

若取 $R_1 = R_2 = R_4$ 则上式可化为:

$$\frac{V_1-V_2}{V_4} = \frac{C_1-C_1}{C_1+C_2} \tag{3-20}$$

对照式(3-19)得:

$$\frac{V_1-V_2}{V_4} = K_3P$$

在实际变送器中,用负反馈自动改变输出电压 E_1 的幅度,使差动电容 C_1,C_2 变化时,流过它们的电流之和恒定,即保持上式 V_4 恒定,这样差压 P 更正比于 (V_2-V_1),测量 R_1,R_2 上电压差即可测知测量膜片上的差压 P。

三、霍尔片弹簧式压力变换器

霍尔片弹簧式压力变换器实现压力→位移→霍尔电势的转换。它由弹性元件实现压力→位移的转换,而后利用霍尔片式转换器实现位移→电压的转换,最后通过电压→电流转换器转换成统一电流信号。

(一)霍尔效应

霍尔片为一半导体材料所制成的薄片。如图 3-20 所示,在霍尔片的 z 轴方向加一磁感应强度 B 的恒定磁场,在 y 轴方向通以恒

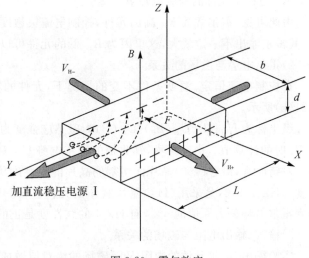

图 3-20 霍尔效应

定电流,于是在霍尔片的 x 轴方向出现电位差。这一电位差称为霍尔电势,这样一种物理现象称为霍尔效应。

霍尔电势 U_H 的大小与半导体材料所通过的电流(称为控制电流)I、磁感应强度 B 以及霍尔片的几何尺寸等因素有关。其关系式为

$$U_H = K_H \frac{IB}{d} f\left(\frac{L}{b}\right) = R_H B I \tag{3-21}$$

式中　K_H——为霍尔系数;

　　　　d——为霍尔片厚度;

　　　　b——为霍尔片的电流以通入端宽度;

　　　　L——为霍尔片的电势导出端长度;

　　　　$f\left(\dfrac{L}{b}\right)$——为霍尔片的形状系数;

　　　　R_H——为霍尔常数。

由式(3-21)可知,霍尔电势 U_H 与 B、I 成正比,提高 B 和 I 值可增大 U_H。一般 U_H 约为几十毫伏数量级。

(二)霍尔元件的电磁特性

霍尔元件的电磁特性包括输出电势与控制电流,外加磁场的关系,输入、输出电阻与外加磁场的关系等。

1)霍尔电势与控制电流的关系

在固定的磁场下,温度不变时,霍尔电势 U_H 与控制电流 I 有良好的线性关系,如图 3-21(a)所示。其直线斜率以 K_1 表示,即

$$K_1 = (U_H/I)_B = C \qquad (C \text{ 为常数})$$

从式 $U_H = R_H \cdot B \cdot I$ 可以得到:

$$K_1 = R_H B \tag{3-22}$$

定义 K_1 为霍尔元件的控制电流灵敏度。

由此可见,霍尔常数 R_H 高的元件,控制电流灵敏度 K_1 也高,但是霍尔常数 R_H 高的元件,其霍尔输出不一定就大,这里因为 R_H 低的元件可以在较大的控制电流下工作。

2)霍尔电势与磁场的关系

在控制电流恒定、温度条件不变的情况下,元件的霍尔电势 U_H 与磁场 B 的关系如图3-21(b)所示。

纵坐标为 $U_H(B)/U_H(B_0)$,$U_H(B)$ 为磁感应强度为 B 的测量值,$U_H(B_0)$ 为磁感应强度为 B_0 时的计算值。由图可见,锑化铟的霍尔电势 U_H 对磁场 B 的线性最差,硅的线性度最好。对锗而言,沿着(100)晶片面切割的晶片的线性度优于沿着(111)晶面切割的晶片的线性度。HZ-1、2、3,是采用(111)晶片制作的元件。HZ-1、2、3 的线性度是负的,在 1T 磁场强度霍尔电势偏离原值的 5%,而 HZ-4 的线性度是正的,只偏离了 $\pm 1\%$ 左右。

3)输入、输出电阻与磁场的关系

实验得出,霍尔元件的内阻 R 随磁场的绝对值增加而增加,这种现象称为磁阻效应。

前面讨论霍尔效应时,没有考虑实际运动中载流子速度的统计分布,认为载流子都按同

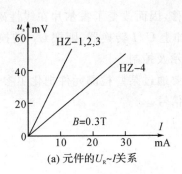

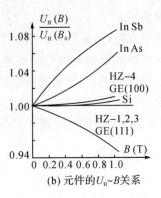

(a) 元件的U_R~I关系   (b) 元件的U_H~B关系

图 3-21

一速度运动而形成电流,实际上,对某种速度运动的电子,若霍尔电场作用力恰好抵消洛仑兹力,电子沿直线运动;小于此速度的电子将沿霍尔电场作用方向偏转,而大于此速度的电子将沿洛仑兹力方向偏移,如图 3-22 所示。这种偏转将使沿控制电流电场方向的电流密度减小,也就是由于磁场的存在增加了元件的内阻。这就是磁阻效应的物理本质。

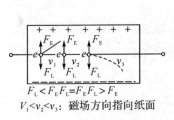

$F_L < F_E$ $F_L = F_E$ $F_L > F_E$
$V_1 < v_2 < v_3$:磁场方向指向纸面

图 3-22　电子偏转示意图

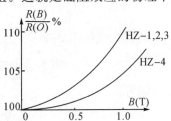

图 3-23　元件的 R-B 关系

图 3-23 出示了 HZ 型元件的 R-B 关系。HZ-4 元件磁阻效应小一些,HZ-1、2、3 元件在磁场 1 处,其内阻增加 10%。

磁阻效应对霍尔元件工作很不利,特别是在强磁场时更为突出。由于磁阻效应的存在,使霍尔电势减小。

(三)应用霍尔元件测量压力的实例——霍尔片式运传压力表

这种远传压力表的测压实质是利用霍尔片式压力转换器实现压力→位移→霍尔电势 U_H 的转换。它的结构示意图如图 3-24 所示。它是由弹性元件实现压力→位移的转换,而后利用霍尔片式转换器实现位移→电压的转换,最后通过电压→电流转换器转换成统一电流信号。

工作原理如下:被测压力由弹簧管 1 的固定端引入,弹簧管自由端与霍尔片 3 连接,在霍尔片的上、下方垂直安放两对磁极,使霍尔片处于两对磁极形成的线性磁场中。霍尔片的四个端面引出四根导线,其中与磁钢 2 相平行的两根导线与稳定电源相连接,另两

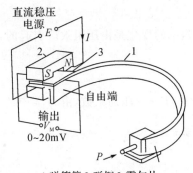

1-弹簧管 2-磁钢 3-霍尔片

图 3-24　霍尔式远传压力表结构示意图

根导线用来输出信号。

当被测压力引入后,弹簧管自由端产生位移,因而改变了霍尔片在线性磁场中的位置,将机械位移量 x 转换成霍尔电势 U_H,如果再加上 U/I 转换器,则把 U_H 转换成电流 I。此电流 I 与位移 x 呈线性关系,便可进行运转显示及控制。

从上述中我们可以得到这样一个结论,只要通过某些检测元件把化工参数转换成位移量时,都可以用霍尔转换器转换成统一的电流信号。

四、应变式压力变换器

(一)应变效应

导体在机械变形时,其电阻值发生变化,这叫做"应变效应"。

我们知道,如果导体的长度为 L,截面积为 S,电阻率为 ρ,那么它的电阻值 R 可用下式表示:

$$R = \rho \frac{L}{S} \qquad (3-23)$$

对上式全微分:

$$dR = \frac{L}{S} d\rho + \frac{\rho}{S} dL - \frac{\rho L}{S^2} dS$$

用相对变化量表示则有:

$$\frac{dR}{R} = \frac{d\rho}{\rho} + \frac{dL}{L} - \frac{dS}{S} \qquad (3-24)$$

一般电阻丝是圆截面,则 $S = \pi r^2$,r 为电阻丝的半径。

$$dS = 2\pi r dr$$

因而

$$\frac{dS}{S} = \frac{2\pi r dr}{\pi r^2} = 2\frac{dr}{r}$$

由力学中知道轴的纵向应变与横向应变的关系:

$$\frac{dr}{r} = -\mu \frac{dL}{L} \qquad \mu\text{——泊松系数。}$$

所以,

$$\frac{dS}{S} = -2\mu \frac{dL}{L} \qquad (3-25)$$

电阻率的变化是由压阻效应引起的,若以 T 表示应力,则有:

$$\frac{d\rho}{\rho} = \pi L \cdot T$$

式中 πL——压助系数,由力学中的胡克定律,可知应力 T、应变 $\frac{dL}{L}$ 和弹性模量 E 有如下关系:

$$\frac{dL}{L} = \frac{T}{E}, \text{即 } T = E \frac{dL}{L}$$

因此,

$$\frac{d\rho}{\rho} = \pi L T = \pi L E \frac{dL}{L} \qquad (3-26)$$

将(3-26)、(3-25)代入(3-24)中有:

$$\frac{dR}{R} = \pi LE \frac{dL}{L} + \frac{dL}{L} + 2\mu \frac{dL}{L}$$

$$= (1+2\mu+\pi LE)\frac{dL}{L}$$

$$= (1+2\mu+\pi LE)\varepsilon \tag{3-27}$$

式中 $\varepsilon = \dfrac{dL}{L}$，叫做应变。

通常定义 $\dfrac{dR}{R}/\varepsilon = K$ 称为应变片的灵敏度系数。

应变片的灵敏度系数 $K=1+2\mu+\pi LE$，此值的前两项是几何尺寸变化引起的，即为一般的电阻丝应变片的灵敏度系数，因为一般金属电阻丝 πLE 值很小可以忽略，而 $(1+2\mu)$ 数值也很小$(1\sim2)$，因此，它的应变受到一定的限制。半导体材料的 πLE 值很大$(60\sim170)$，与 $(1+2\mu)$ 比较起来，$(1+2\mu)$ 倒可以忽略不计了，根据以上分析，我们可以得到：一般电阻丝应变片的灵敏度系数 $K=1+2\mu=1\sim2$。

对于半导体应变片的灵敏度系数：$K'=\pi LE=60\sim170$。由此我们可以看到，半导体应变片具有很高的灵敏度，这是它的一个重要特点。

(二) 应变片

目前常用的有两大类。一类是金属电阻应变片，一类是半导体应变片。

金属电阻应变片有丝式应变片、箔式应变片、薄膜式应变片等。

丝式应变片如图 3-25 所示。它是一根金属细丝以曲折形态粘贴在衬底上，电阻丝两端焊有引出线。将此元件贴于弹性体上就可构成应变换器。

箔式应变片，是用光刻技术腐蚀成丝栅。由于它具有在工艺上电阻值的分散度可做得很小，可以做成任意形状，易于大量生产，成本低。在性能上，由于散热条件好，逸散功率较大，可以允许较大的电流，具有灵敏度高，耐蠕变和漂移的能力强等优点，因此逐渐以箔式来代替丝式，如图 3-26 所示。

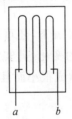

图 3-25　丝式应变片

图 3-26　箔式应变片

半导体应变片的外形如图 3-27 所示，半导体应变片具有很多优点：灵敏度系数为 $60\sim170$，比金属型应变片高几十倍；半导体应变片电阻值可从 5Ω 到 $50K\Omega$，而金属型高阻较为难做；半导体应变片频率响应高；可以做成小型和超小型结构等。但它的缺点是温度系数大，稳定性不及金属型的，非线性较大，灵敏

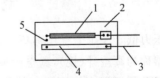

1-半导体敏感条；2-基底；3-引线；
4-引线联接片；5-内引线

图 3-27　半导体应变片

度系数受温度影响也大。

(三)温度对应力测量的影响

应变式压力变换器利用压力产生应变片电阻率的变化原理制成的。应变片的电阻率的变化主要是由应力产生的,但温度也是电阻率变化的原因之一。因此,电阻温度系数大的材料,纵向灵敏度(或仪表系数)也大,当在低温下使用电阻应变片时,必须进行由温度变化引起电阻率变化的补偿。现举一个实例:用电阻线式应变片测量低温下部件的应力,如图 3-28 所示,它是利用筒式应变应力变换器来测量的,应变筒的下端与外壳 2 固定,下端与不锈钢密封膜片 3 相连,两片由康铜线绕制的应变片 R_1 和 R_2 用低温胶紧贴在应变筒的外壁上,测量片 R_1 沿应变筒轴向粘贴,温度补偿片 R_2 沿径向粘贴,应变片筒体不发生相对滑动,并保持电绝缘,当被测压力作用于感压膜片上,使应变筒受力变形,沿轴向粘贴的 R_1 将产生轴向压缩应变 ε_1,而沿径向粘贴的 R_2 受横向压缩而引起拉伸应变 ε_2。由于 $\varepsilon_2 \ll \varepsilon_1$,并把 R_1 和 R_2 接入与另外两个固定电阻 R_3 和 R_4 组成的电桥电路中相邻的两个臂上(如图 3-28(b)),由于 R_1 和 R_2 的变化,使电桥失去平衡,从而得到不平衡电势 ΔU 作讯号输出。而 R_1 和 R_2 同时粘贴在测压点位置上,由于低温产生的电阻率变化,对 R_1 和 R_2 影响基本一致,而 R_1 和 R_2 在电桥中相邻的两臂上,由温度变化引起应变片电阻率变化可相互抵消,从而消除了温度对应力测量的影响。

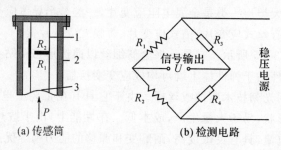

(a) 传感筒　　　　　　(b) 检测电路

图 3-28　筒式应变应力变送器原理图

应变片不仅可以用来测量压力、应力和重力信号等,在低温下,还可用来测量低温流体的重量进而推算流体密度和深度。由于温度可引起电阻率的变化,其实它是一只电阻温度计,如用电阻温度系数大的材料制作应变片,如铂、镍,可以做成很小而且反应又快的薄膜式温度计。

第五节　真空的测量

压力低于一个大气压称负压,习惯上称为真空,它是低温绝热技术之一,用来测量真空的仪器称为真空计(规),真空计种类很多,通常分为两大类。

一类是可以直接测量气体的压强,称为绝对真空计,如 U 型水银真空计,压缩真空计(麦氏真空计)。

一类是通过与压强有关的物理量来间接测量压强,称为相对真空计,如热传导真空计,电离真空计等。

本节将介绍普遍应用的真空计：压缩式真空计、热电耦式真空计、电离式真空计、复合式真空计等。

一、压缩式真空计

压缩式真空计的基本形式是麦氏真空规。它是根据波义耳定律，在一定的温度下，比较开管和闭管中的压力差来测量真空度的。

这种真空计的主要结构见图 3-29。A 是一根开口管，与被测真空系统相接。B 是一个玻璃泡。C、D 是两根内径相同毛细管。A、B 的交叉口在 N 点，其下用橡皮管接到汞储存器 R。气阱 T 使橡皮管中可能存在的气体不致进入 A 及 B 中以免破坏所测的真空。提高汞储存器 R，则 A、B、C 和 D 中的水银面将上升。在水银面浸没交叉口 N 以前（图 3-29a），A、D 和 B、C 内的气体压强相同，其数值就是被测空间的真空度。继续提高 R 至水银面浸没交叉口 N 后，A、B 和 C、D 被分为两个空间（图 b）。随着 R 的进一步上升，B、C 内的气体将被压缩，体积减小，压力增加，体积和压力之间的关系遵守波义耳定律。而 A、D 内的气体与真空系统相接，一般说来，真空系统的体积远比 A、D 两管的容积大，可以认为其内部的压力没有改变。于是，左侧 C、B 管内的压力将高于右侧 A、D 管内的压力。

设 D 管的水银面已经升到了与 C 管的顶端平齐，而 C 管内的水银面由于气体面压力大，不可能升到其顶部而停在距顶端 h 毫米的地方，如图 3-29b 所示，这个高度也就是被压缩后的气体在毛细管 C 内占有长度。设这时 C 管的体积为 V_c，管内气体的压强为 $(P+h)$ mmHg；又令玻璃泡 B 和管 C 的总体积为 V，则根据波义耳定律，气体压缩前后压力与体积有以下的关系：

$$PV=(P+h)V_c \tag{3-28}$$

式中 P—气体受压缩前的压强，mmHg，即被测系统的真空度。

由于 $V \gg V_c$，并且 $V_c=\dfrac{\pi}{4}d^2 h$（其中 d 为毛细管 C 的内径），则式（3-28）可整理成

$$P=\frac{\pi d^2}{4V}h^2 \tag{3-29}$$

对于某一确定的真空计而言，上式中的 V 和 d 是一定值，故 P 与 h 的平方成正比，换言之，被测系统的真空度可用水银面的高度差来表示。如果 d 越小 V 越大，对于同样的水银面高度差 h 所对应的 P 就越小，则仪表可能测量的真空度越高。

实际上，由于被测真空度 P 是随着水银柱高度差 h 的减小而成平方递减的，因此在 h 很小时，由于对 h 的读数误差而造成的对 P 的误差就很可观了。故一般认为压缩式真空规测量真空度在 1×10^{-6} mmHg 以下时，就不再可靠了。

毛细管 C、D 的内径应当一致，这是为了抵消水银在两管内的毛细作用。水银应当是清洁的，脏了必须更换。

压缩式真空计的优点是简单可靠，广泛地用于实验室和工业上的真空度检测，并可作为其他类型的工业用真空计的校验仪器。但是，它不能测量蒸汽的压力，因为大部分蒸汽不服从波义耳定律，另一缺点是反应慢，不能连续指示和自动测量。

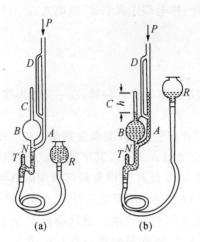

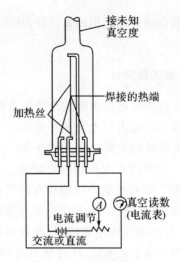

图 3-29 压缩式真空计

图 3-30　热电偶真空规

二、热电耦式真空计

热电极式真空计是利用发热丝周围气体的导热率与气体的稀薄程度(真空度)之间存在一定关系而做成,它又简称为热电极式真空规,其结构示于图 3-30。在玻璃壳内封入两组金属丝。一组是发热丝,一般用铂丝或钨丝,通入恒定的加热电流。另一组是金属热电偶,其工作端焊在发热丝上,用以测量发热丝上的温度变化,一般用镍铬/考铜热电偶。

将规管接到被测真空系统后,随着系统中气压降低(真空度升高),发热丝附近气体逐渐稀薄,分子自由程加大,导热率变小。由于加热电流是恒定的,发热丝得到的热量不变,而散失的热量即气体热传导损失却减小了,于是其温度必然升高。发热丝温度变化由热电偶转换成热电势送至显示仪表指示或记录出来,在与压缩式真空计比较校准后,热电势的大小可标定成被测真空度的数值。

热电偶真空规的测量极限通常为 10^{-4} mmHg。当真空度再高时,气体更加稀薄,使得由于气体分子碰撞发热丝而带走的热量,相比由于辐射及发热丝本身热传导所带走的热量要小得多,故在发热丝的总热量损失中,气体热传导损失的热量所占的比例大大地降低,这时仪表就不能准确反映真空度的变化。

热电偶真空规的优点是可以测量气体和蒸汽的压强,弥补了压缩式真空计的不足,此外,它们实现了真空度到电信号之间的变换,便于实现自动检测和控制。缺点是能够检测的真空度不太高,而且怕振动。

三、电离式真空计

1. 原理

前面已经指出,当被测空间的真空度超过 10^{-4} mmHg 时,热电偶规不能正确反映被测空间压强的变化。电离式真空计在 10^{-3} 到 10^{-8} mmHg 的范围内都能准确测量,补充了热电偶式真空计的不足,使得对真空度的检测可以向更高的范围延伸。

当带电粒子(如电子)通过稀薄气体时,将使气体分子电离。在其他条件不变时,电子在单位距离上所形成的离子数,正比于气体的压强,测量出离子的数量(即离子电流),就可以推知被测空间的真空度。这就是电离式真空计的基本原理。

气体的电离可以由运动着的电子碰撞气体分子而产生。依发射电子的方式不同,电离真空计的敏感元件——规管,可分为热阴极式和冷阴极式两种,前者由加热的金属丝发射电子,称热规,后者发射电子的阴极不用加热,称为冷规。

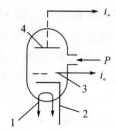

1-灯丝;2-阴级;3-加速极(约+150V);
4-收集极(约-25V)

图 3-31　热阴极电离真空规

2. 热阴极电离真空规

最简单的热阴极电离真空规的结构类似电子三极管,如图 3-31,由密封于玻璃管内的三个电极组成。灯丝通电加热阴极,发射使气体分子电离的电子,栅极是一个电位比阴极高的金属网,使发射到空间的电子被加速,增加其动能而加强电离效果,又称为加速极。收集极的电位比阴极低,可以收集规管内部空间形成的正离子而形成离子电流 i_+。阴极发射出的电子以及气体电离后产生的电子到达带正电位的加速极上,形成发射电流 i_e。规管的三个电极之间电位关系是:对阴极而言,加速极的电位为 $100\sim300\text{V}$;收集极电位为 $-10\sim-40\text{V}$。被测真空度与离子电流和发射电流之间存在如下关系

$$P=\frac{1}{S}\cdot\frac{i_+}{i_e} \qquad (3\text{-}30)$$

式中　P——真空度,mmHg;

　　　i_+——离子电流,μA;

　　　i_e——发射电流,mA;

　　　S——规管常数。

规管常数 S,实质上是衡量规管灵敏度的一个尺度。其物理意义是:当真空度 P 为 $10^{-3}\text{mmHg}(1\mu\text{m})$ 时,1mA 发射电流 i_e 所产生的离子电流 i_+ 的数值,这个电流越大,规管灵敏度越高,能测量的真空度也越高。

对结构一定的规管,S 是常数,且发射电流保持不变时,真空度与离子电流之间存在以下的关系

$$P=K\cdot i_+ \qquad (3\text{-}31)$$

式中　K——比例常数,$K=1/(S\cdot i_e)$。

上式表明,如能测出离子电流 i_+ 的数值,那么该空间的真空度就知道了。因此,热阴极电离真空计的测量线路中都设置有离子电流放大及稳定发射电流的线路,这些将在复合式真空计中介绍。

热阴极电离真空规的优点是可以测量高真空,而且其测量范围宽,一般的振动不影响测试结果。被测空间压力变化时,仪表的指示装置立即反应,测量滞后小。其缺点是:气体的电离与气体的种类有关,由于有灼热的灯丝,在气压较高时会吸收气体,还会把周围的元件烤热也吸收气体,从而影响被测真空度。特别是系统漏气时,灯丝立即被烧毁。

3. 冷阴极电离真空规

冷阴极真空规中,使气体电离的电子不再是由灯丝加热阴极发射,而是由在高压电场作用下阴极的场致发射产生,其工作原理如图 3-32 所示。

玻璃管内装入两块金属平板作为阴极,中间放一个金属圆环作为阳极。在阴、阳极之间加一个 2000V 的电压。假定这时还没有加磁场 H。串接在电路里的微安表(真空度指示计)的指针将指在零位,不论管内真空度如何变化,仪表均无反应。这是由于阴极场致发射产生的电子很少,所形成的电流十分微弱,灵敏的微安表也无法检测出来。

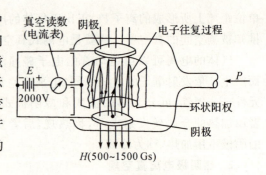

图 3-32 冷阴极电离真空规

如果在垂直于平板阴极的方向加上一个如图所示的磁场 H(500~1500Gs),微安表上将观察到有电流通过。这是因为阴极发射出来的电子的运动,不仅受电场的支配,还受磁场的影响,在两者共同作用下,电子只能迂回地走向阴极,而阳极本身是一个圆环,电子可以通过圆环而不碰击它,即穿过圆环凭自己的动能继续飞行。当电子接近圆环对面的另一阴极时,受到斥力折过头来反方向迂回飞行。于是,电子在两个阴极之间曲折往返振荡着,直至碰到阳极并被吸收为止。加磁场后,电子在阴极到阳极之间的空间内运动的路程,较未加磁场前,大大地延长了,其数值远远大于阴极至阳级之间的几何距离。这样一来,电子有更多的机会和管内的气体分子碰撞,使它们电离。不仅如此,气体分子电离后产生的电子也受到电场和磁场的作用而参与上述迂回飞行,进一步增加了气体分子电离的机会。电离过程连锁反应地进行,于是大批离子产生,被阴极吸收后,形成了可在微安表中观察得到的离子电流。这就是为什么阴极放出的少量电子能形成相当大的离子电流的原因。此外,电子的来源不仅仅是阴极表面上因强电场引起的场致发射,还可以由阴阳极间的空间中气体分子电离后所产生。

由于起始时的电子数很少,其电量也小,而产生的离子电流则大得多,所以,可认为离子流只和电子碰撞气体分子的概率有关,也就是只与气体分子的平均自由程(真空度)有关,即

$$i_+ = KP \tag{3-32}$$

式中 i_+—离子电流;

   P—被测空间的真空度;

   K—比例常数,与规管结构及气体性质有关。

从而可知:对于冷阴极电离真空规,不管发射电流大小如何,离子电流 i_+ 只同真空度 P 成正比,测出这个电流可推知相应的真空度。

冷阴极电离真空规能迅速连续地检测真空度。不会因有灼热的高温灯丝与气体的化学作用而破坏被测空间的气压。一旦意外地漏气时,管子也不会烧毁。对发射电流的大小也不必如热阴极规那样要求严格控制。但是,在 10^{-7} mmHg 以下,规管发生不稳定和不激发现象,测量范围一般为 $10^{-3} \sim 10^{-6}$ mmHg。

四、复合式真空计

WZK-1A 型真空计是一种复合式真空计,这种仪表是把热电耦式真空计与电离式真空计组合装在一起,热电耦规用以测量 $10^{-1} \sim 10^{-3}$ mmHg 的真空度,当真空度继续上升时,可把电离规(热阴级)接入测量系统,其原理线路示于图 3-33,下面分成几部分来说明。

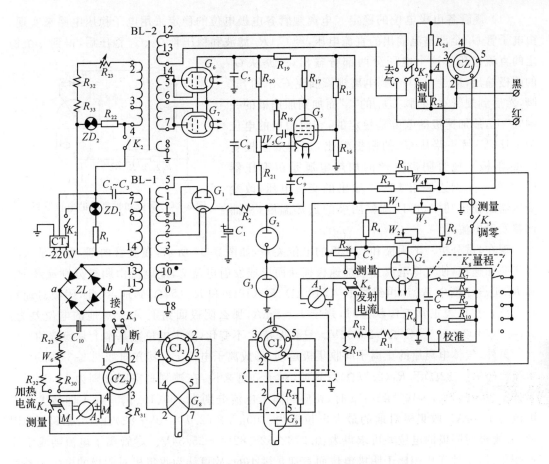

图 3-33　WZK-1A 型复合式真空计的原理线路

1. 热电偶真空计的测量线路

这部分线路位于图 3-32 的左下角,它由加热电流的供给和调整以及真空度的检测两部分组成。

(1)加热电流的供给和调整　将开关 K_3 合向"接"的位置,电源变压器向整流器 ZL 供电。将开关 K_4 合向"加热电流"位置,整流器向热电偶规 G_8 提供一直流电压。由于电源变压器原边绕组 7-14 串联有电容 $C_1 \sim C_3$,具有一定的稳压作用,所以整流器输出的直流电压基本上是稳定的。加热电流回路是从整流器输出的正端 a 出发,经 R_{28}、W_6、R_{29} 以及微安表 A_2,进入规管插座 CZ_2 的"1"、规管插脚 CJ_2 的"1",再到规管加热丝的一端"2",流经加热丝后到另一端子"7"、CJ_2 的"2"、CZ_2 的"2"回到整流器输出的负端 b。加热电流的调整是靠改变电位器 W_6 的滑动点来实现,把加热电流调整到规定值(由制造厂标明),其大小由微安表指示出来。

(2)真空度的检测　加热电流调整完毕,把 K_4 合向"测量"位置,这时,微安表 A_2 就接入热电偶回路,跨接规管热电偶端子"4"和"5"之间,用于测量热电势即真空度的大小。

2. 电离真空计的测量线路

使用热阴极电离真空计测量真空度时,必须稳定各个电极的电位和发射电流,并且要将微小的离子电流加以放大后进行测量,这些都由仪表中的电子线路来完成。

（1）规管各电极电位的稳定　电离规管各电极电位的稳定采用电子稳压电路来实现。由电子管 G_1 全波整流输出的直流电压，经 C_4、R_2 滤波和稳压管 G_2、G_3 稳压后，得到一个稳定的直流电压。这个电压分两部分输出，一路从 G_2 的阳极输出，通过 R_3、W_4 到电离规管插座 CZ_1 的"5"脚，然后到规管 G_9 插脚 CJ_1 的"5"而加到加速极的一端"5"上，故加速极的电位是稳定的，它对阴极的电位为 $+150V$；另一路从 G_3 的阳极输出，加到双三极管 G_4 的阳极。规管阴极电丝的加热电源是由变压器 $BL-2$ 的一个副边绕组 12-14 输出的交流电压，改变变压器的输出功率，可以调整阴极的加热温度，从而调整发射电流。

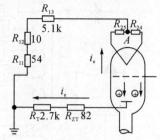

图 3-34　阴极和收集极的电位分析

现在，试分析一下阴极和收集极的电位关系，如图 3-34 所示，在规管内部，电子是从阴极飞向加速极，使气体电离并被加速极捕获而形成发射电流 i_e，此电流由阴极分别流经 R_{24} 和 R_{25} 汇合于图中 A 点，再经过 $R_{13}(5100\Omega)$、$R_{12}(10\Omega)$ 和 $R_{11}(54\Omega)$ 到地，因此，阴极对地具正电位。在仪表正常工作状态时，规定 $i_e=5mA$，那么阴极回路上 A 点对地的电位差为：$5mA\times(5100+10+54)\ \Omega=25.82V$。只要保持 i_e 不变化，这个电位差基本上是稳定的。

另外，气体电离后的正离子向收集极运动，形成离子电流 i_+，其方向如图 3-34 所示，该电流流经 $R_{ZT}(82\Omega)$ 及 $R_T(2.7k\Omega)$ 后到地，对于规管来说，在被测真空度分别为 1×10^{-3}、1×10^{-4}、1×10^{-5}、1×10^{-6} mmHg 时，相应的离子电流分别为 100、10、1、0、1μA 即最大离子电流为 $100\mu A$。收集极对地的最大电位差为：$100\mu A\times(2.7\times10^3+82)\ \Omega=0.2782V$。因此，收集极对阴极的电位差可求得为：$0.2782-25.82=-25.54V$。尽管离子电流随真空度而变化，但这种变化相比于阴极电位而言却是微小的，故可认为收集极对阴极的电位是基本稳定的。

（2）发射电流的自动稳定　由于各种原因，发射电流 i_e 可能变化，这将破坏离子电流与真空度之间的正比关系，造成测量误差。在图 3-33 中设置有自动稳定发射电流的电路，它由放大管 G_5、控制管 G_6 和 G_7 以及变压器 $BL-2$ 等组成。仪器正常工作时，规管发射电流 $i_e=5mA$，阴极电位（图中 A 点）为 $25.82V$，此电位通过 R_{14} 加到放大管 G_5 的栅极上。规管发射电流的大小主要取决于其灯丝加热电流。如果由变压器副边绕组 3-2 供给的灯丝加热电流变化了，将引起规管发射电流及阴极电位变化，此变化经放大管的放大及控制管的调整作用，自动调整变压器副边绕组 3-2 的输出电压，使发射电流回到规定值（$5mA$）上。

（3）离子电流的放大及测量　在规管量程范围内，离子电流约为 $0.1\sim100\mu A$，须经放大后才便于测量。它采用双三极电子管 G_4 等组成的差动放大器（见图 3-33），当 G_4 两半边的栅极都未输入信号时，其差动输出为零；当开关 K_5 和 K_6 置于"测量"位置，离子电流便经量程开关 K_8，通过 R_7 产生电位降输入 G_4 的右半栅极，则 G_4 便有差动电压输出，其大小随离子电流（即真空度）变化，在微安表 A_1 上显示出来。图中电阻 R_7、R_8、R_9 和 R_{10} 分别对应四个量程，可以视被测真空度的高低用量程开关 K_8 来选择。

（4）仪表几个开关的作用　调整规管的发射电流：将开关 K_7 拨至"测量"位置，开关 K_6 拨至"发射电流"位置，调节电位器 W_5 直到微安表 A_1 指示在 $5mA$ 为止。

调整差动放大器的零位：将开关 K_5 置于"调零"位置，即切断离子电流输入差动放大器的通路,同时将 K_6 置于"测量"位置,调整电位器 W_3 或 W_1,使仪表 A_1 指零,表示差动放大器输出平衡。

校准灵敏度:将 K_8 置于"校准"位置,K_6 置于"测量"位置,这时,差动放大器右半管接受发射电流(已调整为 5mA)在电阻 R_{11}(54Ω)上的电压降作为标准信号输入,此电压降为 $5 \times 54 = 270$mV。如果放大器灵敏度正常,则微安表 A_1 应指向满刻度标尺,否则,应调整电位器 W_2。

在测量高真空时,应预先对规管进行"去气"操作:将开关 K_7 拨向"去气"位置,规管加速极便由"红"、"黑"端子供电,经灼烧后可除去其上的气体分子。至于玻璃壳和收集极的"去气",可用煤气火焰烘烤的办法。一般说来,在检测 10^{-5}mmHg 以下的真空度时,"去气"操作才是必要的。

第四章　流体流量的测量

流体(低温的气体和液体)在输送过程中要测量流体的输送量,如使用氢氧火箭发动机发射卫星时,为了使火箭的推力达到最佳值,要严格控制火箭燃料(LH_2)和氧化剂(LO_2)的混合比例,并对流量进行量的测定。然而低温液体具有较小的粘度,而且处于沸腾状态或临界、超临界状态,在输送过程中,输送管道的漏热,管道内表面对流体的摩擦以及接口和连接件的阻力,流体方向的改变,低温泵的作功等等都会引起部分低温流体的汽化,因此,实际上在管道中流动的不是单一的液体组分,而是既有液体又有蒸发后的低温蒸汽,即所谓"低温两相流体",其汽相和液相比是温度、压力、管路参数和位置的函数,比较复杂,因此要测准低温液体的流量是比较困难的。

通常的低温流体流量测量,对于低温气体,通过加热的办法,把气体加热到室温,再用一般热工测量流量计进行测量,再进行压力、温度修正,因此低温气体流量常用标准状态气体流量表示。

低温流体流量的测量,常用两种办法:1) 用温度更低的制冷机或介质,把被测液体降温,使它变成单相流体再经过流量计,这样液体流量比两相流体流量测量准确;2) 如果知道低温液体的气液比,再测两相流体总液体流量,但困难较大。

而大中型空气分离装置,空气的进口流量以及分离后产品(O_2、N_2、Ar、Ne、Kr、Xe)的产量(m^3/h)等都要测量,而气体的流量是与温度、密度、压力等参数有关,为此,常把流量装置(流量计)安装在室温管道上,把低温流量测量转换成为室温下流量测量,以提高仪器精度和免除对温度、密度等参数的校正。

流体流量是单位时间内流过的流体量,称为瞬时流量。在某一段时间间隔内流过的流体量称为流体的总量,流体总量可以用这段时间内瞬时流量积分得到,所以总量又称积分流量或累计流量。总量除以间隔时间,可以得到平均流量。

流量的单位可用单位时间内流过质量($q_m=\dfrac{dm}{dt}$公斤/时)表示,称质量流量。也可以用单位时间内流过的重量($q_v=\dfrac{dw}{dt}$公斤力/时)表示,称重量流量。或者以单位时间内流过的容积($q_v=\dfrac{dv}{dt}$米^3/时)表示,称为容积流量。三者关系如下:

$$q_m=\frac{q_w}{g}=\rho q_v \tag{4-1}$$

式中　g 为测量处的重力加速度。应当注意,质量流量 q_m(公斤/时)与重量流量 q_w(公斤力/时)在数值上是相等的。

ρ 是流体的密度,它随工质状态而变。因此在给出容积流量的时候必须注明流体的压力和温度。为了方便,对于气体容积流量值换算成标准状态下容积流量,称为标准容积流量

（标准米³/时）。所谓标准状态是指温度为 20℃和压力为 760mmHg 的状态。对于一定的被测气体，标准状态下的密度为定值，知道标准容积流量则质量也就定了。

目前工业上所用的流量仪表大致可分为两大类：

1）容积式流量计　以单位时间内所排出的液体的固定容积的数目作为测量依据，例如椭圆齿轮流量计、腰式流量计、刮板式流量计、湿式气体流量计等。

2）速度式流量计　以测量流体在管道内的流速作为测量依据来计算流量，例如涡轮流量计，电磁流量计、超声波流量计、速度头流量计、靶式流量计、节流式流量计等。

本章将着重介绍制冷与低温领域应用较多的流量测量仪表。

第一节　容积式流量计

容积式流量计是利用流体的差压，带动有固定容积的流量计的叶轮来测量流量的。根据流量计叶轮的不同形状分为以下几种。

1. 椭圆齿轮流量计

椭圆齿轮流量计是一种常见的容积式流量计，可用于测量各种液体，特别适合高粘度液体如原油流量的测量。其基本结构如图 4-1 所示。

在金属壳体内有一对啮合的椭圆形齿轮（齿较细，图中未画出），当流体自左向右通过时，在输入压力的作用下，产生力矩，驱动齿轮转动。例如在图 4-1(a) 位置时，A 轮左下侧压力大，右下侧压力小，产生的力矩使 A 轮作顺时针转动，它把 A 轮与壳体间半月形容积内的液体排至出口，并带动 B 轮转动；在图 4-1(b) 的位置上，A 和 B 两轮都有转动力矩，继续转动，并逐渐将一定的液体封入 B 轮与壳体间的半月形空间；到达位置 (c) 时，作用于 A 轮上的力矩为零，但 B 轮的左上侧压力大于右上侧，产生的力矩使 B 轮成为主动轮，带动 A 轮继续旋转，把半月形容积内的液体排至出口。这样连续转动，椭圆齿轮每转一周，向出口排出四个半月形容积的液体。测量椭圆齿轮的转速便知道液体的体积流量，累计齿轮转动的圈数，便知道一段时间内液体流过的总量。

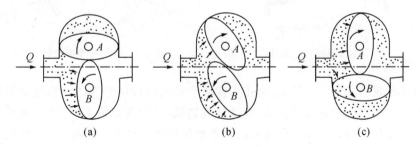

图 4-1　椭圆齿轮流量计的原理图

由于椭圆齿轮流量计是直接按照固定的容积来计量流体的，所以只要加工精确，配合紧密，防止腐蚀和磨损，便可得到极高的精度，一般可达 0.2%，较差的亦可保证 0.5%～1%的精度，故常作为标准表及精密测量之用。

椭圆齿轮流量计的精度与流体的流动状态，即雷诺数 R_e 的大小无关，被测液体的粘度愈大,齿轮间隙中泄漏的量愈小,引起的误差愈小,特别适宜于高粘度流体的测量。但被测流体中不能有固体颗粒,否则很容易将齿轮卡住或引起严重磨损。此外,椭圆齿轮的工作温度不能超出规定的范围,不然由于热胀冷缩可能发生卡死或增加测量误差。

2. 腰轮流量计

腰轮流量计的原理与椭圆齿轮流量计相同,两个腰轮的转动是由壳外同轴上一对啮合齿轮相互带动。如图 4-2 所示,腰轮流量计可测量液体流量,也可以测量较大的气体流量。由于腰轮上没有齿,对流体中固体杂质没有椭圆齿轮流量计那样敏感。如果用电动机带动腰轮转,那么可以做流体输送的罗茨泵,也可以用于大流量抽真空的罗茨机械真空泵。

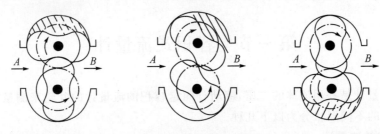

图 4-2 腰轮流量计

3. 刮板式流量计和湿式气体流量计

刮板式流量计如图 4-3 所示,利用流体的差压带动转子旋转,转子上有两对可以内外滑动的刮板,转子转动带动刮板的滚轮沿中心静止凸轮的外缘上滚动,使刮板随转子转动角度不同作内外滑动,转子每旋转一周,就有四份由两刮板与壳体之间计量容积流体通过。

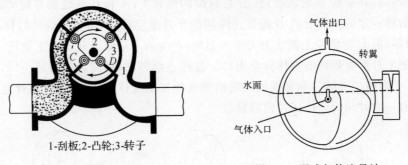

1-刮板;2-凸轮;3-转子

图 4-3 刮板式流量计   图 4-4 湿式气体流量计

温式气体流量计如图 4-4 所示,常用于实验室较高准确度的气体体积流量测量。气体从位于水面以下中心位置进气口进入,推动转翼转动,从出气口排出,每转一周排出四份一个转翼所包围的固定容积气体。使用时必须严格保持仪表水平放置和水平面恒定。这里的水作密封流体用,还能保证转翼固定容积。为此,在低温气体流量测量中,在进湿式气体流量计之前进入水鼓泡装置,使水泡饱和被测气体,以免带走流量计中的水分。如用油代替流量计中的水,可用于无水氢氦气体流量测量。

容积式流量计准确度很高,可达±0.1%~±0.5%,并不受流量大小和流体粘性的影响。特别适用于小口径管道流量和高粘度流量的测量。

在容积式流量计中,由于齿轮等运动部分与壳体之间存在着间隙,在仪表进出口差压作用下,有一部分流体从间隙中通过,这部分流体称滑漏量。测小流量时,滑漏量相对比较大,误差也就大,因此只有在一定流量以上(如 15%～20%满量程)使用。才能保证足够的准确度。当流量过大时,仪表的进出口差压增大,误差也要增大,且过大流量会造成仪表迅速磨损和损坏。

第二节　涡轮流量计

涡轮流量计是近三十年发展起来的速度式流量测量仪表,它通过测量置于被测流体中的涡轮的转速来反映流量的大小。

一、涡轮流量计的测量原理

涡轮流量计的结构原理如图 4-5 所示。当被测流体流经流量计时,冲击涡轮叶片。使涡轮旋转,在一定流量范围,一定流体粘度下,涡轮转速与流速成正比。当涡轮旋转时,涡轮上由导磁不锈钢制成的螺旋形叶片轮接近处于管壁上的检测线圈,周期性地改变检测线圈磁电回路的磁阻,使通过线圈的磁通量发生周期性变化。使检测线圈产生与流量成正比的脉冲信号。此信号经前置放大器放大,可以远传至显示仪表。

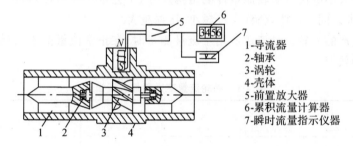

1-导流器
2-轴承
3-涡轮
4-壳体
5-前置放大器
6-累积流量计算器
7-瞬时流量指示仪器

图 4-5　涡轮流量计工作原理示意

假定叶轮处于匀速转动的平衡状态且作用在叶轮上所有阻力矩都很小,则流量计稳态方程式可简化为:

$$\omega = \frac{V_0 \tan\alpha}{r} \tag{4-2}$$

式中　ω—涡轮的角速度;

　　　V_0—作用于叶轮上流体速度;

　　　r—涡轮叶片的平均半径;

　　　a—叶片对涡轮轴线的倾角。

检测线圈输出的脉冲频率为:

$$f = nz = \frac{\omega}{2\pi}Z \qquad 或 \qquad \omega = \frac{2\pi f}{Z} \tag{4-3}$$

式中　Z—涡轮叶片数;　N—涡轮转速。

$$V_0 = \frac{q_v}{F} \tag{4-4}$$

式中 q_v—流体容积流量； F—流量计的有效通流面积。

将式(4-2)、(4-4)代入式(4-3)得

$$f = \frac{Z\tan\alpha}{2\pi rF}q_v = Kq_v \tag{4-5}$$

$K = \dfrac{Z\tan\alpha}{2\pi rF}$ 为仪表常数。

二、涡轮流量计的特性及压力损失

涡轮流量计的特性一般用输出信号频率 f 与容积流量 q_v 的关系曲线表示，或仪表常数 K 与容积流量关系曲线表示，但后者应用较普遍。如图 4-6 所示。从图中可以看出，在小流量时，由于阻力矩相对较大，故仪表常数 K 急剧下降；从层流到紊流的过渡区内，由于层流时流体的粘性摩擦阻力矩比紊流时小，故在特性曲线上出现 K 峰值；当流量再增大，转动力矩大大超过阻力矩，因此特性曲线近似水平线，通常仪表使用在特性曲线的平直部分。使 K 的线性度的 $\pm 0.5\%$ 以内，复现性在 $\pm 0.8\%$ 以内。

当流体流过涡轮流量计，冲动叶轮转动时，需要克服各种阻力矩，因此产生压力损失。试验与理论证明，该压力损失与流量的平方值成正比。制造厂所给出的压力损失，是在正常流量范围内的最大压力损失，一般不超过 $1.2\ \mathrm{kgf/cm^2}$。

压力损失的大小取决于涡轮流量计的结构尺寸、工艺水平和流体特性。流体粘滞性越大，压力损失越大。同一流体，公称直径越小，压损越大。

我国目前生产的涡轮流量变送器用于流量测量时，在正常流量范围内最大压力损失不超过表 4-1 所列数值。

表 4-1 涡轮流量变送器最大压损

公称直径 Dg(mm)	4	6	10	15～25	40～600
压力损失 pf(kgf/cm^2)	1.2	1.0	0.6	0.35	0.25

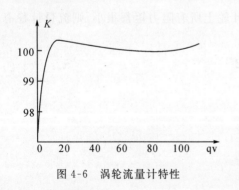

图 4-6 涡轮流量计特性

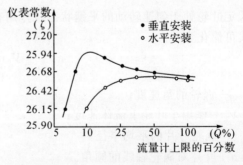

图 4-7 涡轮流量变送器安装位置对仪表常数的影响

三、涡轮流量计使用中应注意的问题

1. 定位问题

涡轮流量计运行时，传感器应严格按照校验时的位置安装。位置不同，轴承摩阻就不

同,同一流量下涡轮转速也就不同,从而引起仪表常数值变化。流量越小,该影响越大,通常在线性测量范围下限的三分之一部分,影响特别显著。按水平位置校验的变送器,若安装、使用于垂直位置,由于轴承的摩擦阻力变小,流量指示值将偏大。图 4-7 表明某流量计的变送器水平安装与垂直安装时,仪表常数值的变化情况。在流量计的上限,两种安装位置的仪表常数差 0.2%;在流量计上限的 10% 时,则差 3%。定位试验证明,若垂直或水平安装角度的偏差不超过 5 度,不致影响仪表性能变化,仪表常数值仍可符合标定时的数值。

信号转换装置的运行位置也应和校验时一致。试验表明,虽然变送器安装在标定时的水平位置上,但是信号转换装置分别在上下左右放置时,在流量计线性范围内的下限三分之一处,将引起仪表常数变化 0.2%~1.0%。

2. 流态问题

涡轮流量计的仪表特性直接受流体流动状态的影响,对变送器进口的速度分布尤为敏感。进口流态取决于仪表进口处的管道结构。图 4-8 表明变送器进口处管道结构对仪表常数的影响。进口流速的突变和流体的旋转可使测量误差达到不能允许的程度。在工程上,涡轮流量变送器前一般有若干倍于管道直径长度的直管段,但往往由于直管段长度不够,进口处流体的旋转未能彻底消除,或由于安装变送器时密封垫片突出而改变了流体和涡轮叶片之间的角度,这些影响往往使仪表常数变化 2% 或更多。

	仪表进口处管道结构	仪表常数变化值	备 注
1	$R=4D$ R	降低 1%	
2	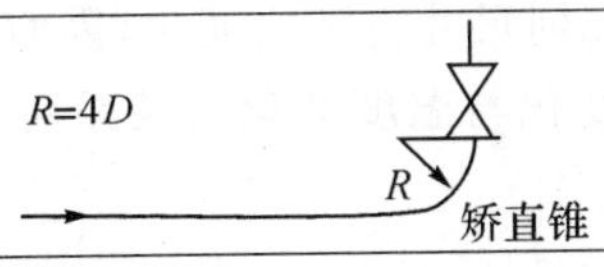 $R=4D$ R 矫直锥	0%	进口加了矫直锥
3	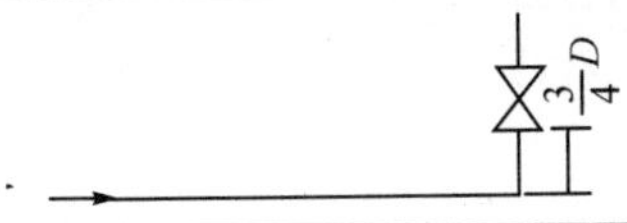 $\frac{3}{4}D$	升高 3.5%~10%	

图 4-8 进口处管道结构对仪表常数的影响

为了有效地消除旋转流,除了在泵、弯曲管道或阀门等阻力件后安装必要的直管段外,还可在管道中安装导流器,和保证管道及流量计密封垫片良好定位,不使突出。导流器消除旋转流效果明显。图 4-9 是一台 $\phi65$ 的涡轮流量计,由于管道弯曲造成流体旋转而影响仪表常数以及安装导流器后的对比情况。

3. 参数问题

涡轮流量计的测量信号受多种参数影响,在使用中不予足够重视就会严重影响测量精度。几个主要参数对涡轮流量计测量的影响,扼要说明如下:

(1)流体压力的影响

为了保证涡轮流量计在量程范围内正常运行,防止变送器内的气蚀,变送器前的流体压力要等于或大于 $\delta_p+P_1+P_2$。其中,δ_p 是流体通过涡轮流量计时的压力损失,它与流量的平方成正比。在额定流量时,一般 $\delta_p=0.35\sim0.7\text{kgf/cm}^2$。$P_1$ 是为加速流体进入流量计,以驱动变送器涡轮旋转,达到一定的速度所需的一定的进口压力。它取决于涡轮流量计的结构和制造工艺,一般在额定流量时 $P_1=0.35\sim1.05\text{kgf/cm}^2$。用涡轮流量计测量液体流量时,若变送器中的压力低于该液体的汽化压力,则会引起液体汽化,发生气蚀,使流量指示偏大。P_2 即是被测介质在最高温度、最大流量下液体的汽化压力,称为防止流量计气蚀的最小压力。当实测流量超过仪表额定上限流量时,流速增加,静压降低,若 P_2 不变,也会造成气蚀而使流量指示值偏高。图 4-10 所示,为某涡轮流量计因气蚀造成流量测量误差的试验结果。由图可看出,流量计出口只要维持 1.4kgf/cm^2 绝对压力,就能保证在量程范围内运行不发生气蚀。当流量增至刻度上限的 1.25 倍时,则出口压力必须提高到 2.1kgf/cm^2,才能避免气蚀的发生。

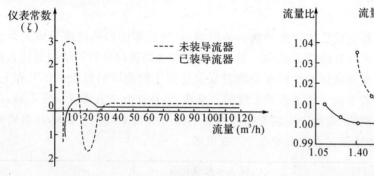

图 4-9　旋转流对仪表常数的影响

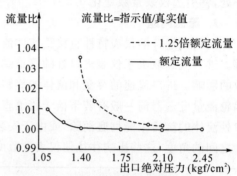

图 4-10　气蚀对涡轮流量计指示的影响

（2）温度的影响

温度变化会引起涡轮流量计金属材料热胀冷缩,几何尺寸也随之变化,因而引起转速的变化。对于叶轮和壳体材料相同的涡轮流量计,转速变化与温度变化的关系可用以下简单的关系式表示:

$$\frac{\Delta\omega}{\omega}\approx-3\Lambda\Delta t \tag{4-6}$$

式中　$\Delta\omega$—叶轮角速度的变化量,度/秒;

ω—叶轮在标定温度下的角速度,度/秒;

Λ—叶轮和壳体金属材料的膨胀系数,mm/(mm·℃);

Δt—温度差,℃,$\Delta t=t-t_b$（t 和 t_b 分别为工作状态和标定状态时的温度）。

由上式可知,叶轮转速随温度差呈线性变化,这对测量精度的影响必须考虑。对于随外界自然温度变化的流体,应考虑夏季与冬季的温度差造成叶轮转速的变化。例如,北京地区夏季和冬季温度差通常可达 50℃ 左右。试验证明,夏季校验的流量计在冬季使用造成的误差可达 0.2%。

（3）流体粘度的影响

被测流体的粘滞性影响叶轮的阻尼力,即影响叶轮的转速。因此,流量系数（仪表常数）和流体粘滞性有关。

试验证明,用涡轮流量计测量不同粘度的流体,特别是液体,粘度越大,流量的线性测量范围就越小。粘滞效应造成转速的变化,符合下述关系式:

$$\frac{\Delta\omega}{\omega}=4\frac{\delta}{D} \tag{4-7}$$

式中　δ—边界层厚度；

　　　D—管道直径（变送器内径）；

　　　$\Delta\omega$—叶轮角速度增量；

　　　ω—叶轮角速度。

边界层厚度 δ 是雷诺数的函数,与雷诺数 Re 呈反比关系,即 $\delta\propto\dfrac{1}{\text{Re}^n}$（指数 n 是粘度的函数,应在实际使用条件下由试验取得）。因此,叶轮的转速度化可表示为

$$\frac{\Delta\omega}{\omega}\propto\frac{1}{D\text{Re}^n} \tag{4-8}$$

而

$$\text{Re}=\frac{VD}{\upsilon} \tag{4-9}$$

式中　D—管道直径；

　　　V—管道中的流体平均速度；

　　　υ—被测流体的运动粘度。

将式(4-9)代入式(4-8)

$$\frac{\Delta\omega}{\omega}\propto\frac{\upsilon^n}{D^{n+1}V^n} \tag{4-10}$$

由式(4-10)可知,叶轮转速变化率 $\Delta\omega/\omega$ 随流体的运动粘度的增加而增加。但对各种结构和口径的流量计,两者之间的数量关系只能由实验求出,不能用数字推导求得的关系式来表示。所以涡轮流量计只能用实测的介质作校验,来测定其测量的线性范围。

用于测量液体的涡轮流量计,制造厂所给的仪表常数通常是用常温水标定的。标定试验证明,这种仪表常数用于测量粘度 1cSt 左右的轻质油及其他液体介质时,可获得满意的结果,不必再做单独标定。对于粘度大于 1cSt 但小于 15cSt 的液体,变送器性能虽然有些偏离,但尚能满足工业测量的要求。但是,当液体粘度大于 15cSt 时,测量误差明显增大,变送器必须在工作条件下重新进行标定。

图 4-11 为不同粘度的液体对仪表常数影响的实验曲线,由图示表明粘度越大,流量越小,对仪表常数的影响越大。

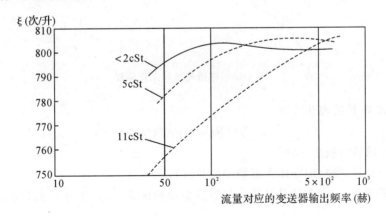

图 4-11　液体粘度对仪表常数影响的关系

粘度对仪表常数的影响还与仪表的结构及尺寸有关。仪表尺寸（口径）越小,粘度变化所引起的影响程度越显著。

此外,流量测量范围和流体密度也是影响测量精度的主要参数。

第三节　电磁流量计

电磁流量计是六十年代随着电子技术发展而迅速发展起来的新型流量测量仪表。由于其独特的优点,目前已广泛应用于各种工业导电液体的流量测量。例如,用于测量各种酸、碱、盐等腐蚀性液体及脉动流体的流量。由于它密封性好,对被测介质无阻挡部件,可测易燃、易爆介质。故在化工、医药、食品、制冷等领域有广泛的应用。

一、电磁流量计的工作原理

导体在磁场中运动切割磁力线,即产生感应电动势,其方向由左手定则确定,其大小与磁场的磁感应强度、导体在磁场内的长度及导体的运动速度成正比。与此相仿,在磁感应强度为 B 的均匀磁场中,垂直于磁场方向放一个管径为 D 的不导磁管道,当导电性液体在导管中以流速 v 流动时,导电液体切割磁力线。在管道垂直断面上同一直径的两端安装一对电极。在空间结构上,若保证磁力线、电极及导管轴线互相垂直,则构成一个"发电机"。当流体流动时,两电极之间产生感应电动势 E,如图 4-12 所示。

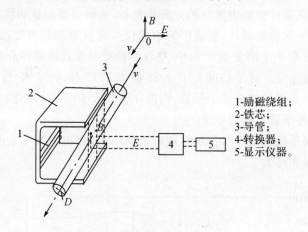

1-励磁绕组;
2-铁芯;
3-导管;
4-转换器;
5-显示仪器。

图 4-12　电磁流量计工作原理

感应电动势 E 的表达式是

$$E = BDv \times 10^{-8} (\text{V}) \tag{4-11}$$

式中　B——磁感应强度,高斯;

D——导管直径(即导体在磁场中的长度),cm;

因为容积流量 q_v 等于流体流速 v 与管道截面积的乘积,直径为 D 的管道的截面积 $F = \dfrac{\pi D^2}{4}$,故

$$q_v = \frac{\pi D^2}{4} v \ (\text{cm}^3/\text{s})$$

而
$$v=\frac{4q_v}{\pi D^2}(\mathrm{cm}^3/\mathrm{s}) \tag{4-12}$$

将式(4-12)代入式(4-11)得

$$E=BD\frac{4q_v}{\pi D^2}\times10^{-8}=\frac{4Bq_v}{\pi D}\times10^{-8}(\mathrm{V}) \tag{4-13}$$

$$q_v=\frac{\pi D}{4}\cdot\frac{E}{B}\times10^8(\mathrm{cm}^3/\mathrm{s}) \tag{4-14}$$

式(4-13)是在均匀直流磁场条件下导出的。由于直流磁场使管道中的导电液体电解，电极极化，所以会影响测量精度，因此，通常常用交流磁场工作。交流磁场的磁感应强度 B，通常是利用工频正弦交流电加在励磁线圈上获得的。

$$B=B_M\sin\omega t \tag{4-15}$$

式中　B_M—交流磁场感应强度的最大值；

　　　ω—角度速；

　　　t—时间。

将式(4-15)代入式(4-13)及式(4-14)，得

$$E=\frac{4B_M\sin\omega t\cdot q_v}{\pi D}\times10^{-8}(\mathrm{V}) \tag{4-16}$$

$$q_v=\frac{\pi D}{4}\cdot\frac{E}{B_M\sin\omega t}\times10^8(\mathrm{cm}^3/\mathrm{s}) \tag{4-17}$$

由式(4-14)和式(4-17)可看出，当圆管直径和磁感应强度恒定时，容积流量与两电极间感应电势成正比，因此测量感应电势即可反映流量。

二、电磁流量计的结构

电磁流量计主要由传感器和转换器两大部分组成，如图 4-13 所示。变送器将被测介质的流量转换为相应的感应电动势。转换器将代表流量的感应电势转换为相应的标准电流输出，以显示并可与电动单元组合仪表配套以实现对流量的累计、调节等操作。

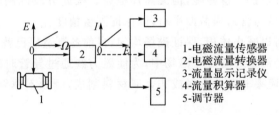

1-电磁流量传感器
2-电磁流量转换器
3-流量显示记录仪
4-流量积算器
5-调节器

图 4-13　电磁流量计的组成

(一)电磁流量传感器

电磁流量传感器主要由磁路部分、测量导管、电极、内衬及外壳五部分组成。

磁路部分用以产生均匀的直流或交流磁场。直流磁场采用永久磁铁，结构比较简单。但是产生的是直流电势，在仪表运行一段时间后，会在两极板上形成固定的一正一负极性，从而引起被测液体的电解，在电极上发生极化现象，致使测量信号逐渐变弱，改变了原来的

测量条件。为了减小这种极化现象,电极需采用极化电位很小的铂、金等贵金属及其合金。这不但使仪表造价提高,而且当管径较大时,设备变得笨重。因此,工业仪表大都采用交变磁场。交变磁场励磁绕组和磁轭的结构型式因导管的口径不同而异,目前国内采用如下三种磁路结构形式:

(1)变压器铁芯式

口径小于10毫米的变送器采用这种结构,如图4-14所示。这种结构通过导管的磁通较大,在一定的流速下可得较大感应电势。当口径较大时,两电极间的距离大,气隙也大,漏磁通显著增加,电磁干扰严重,使仪表工作不稳定。而且大口径管道采用变压器铁芯式时,变送器体积和重量大大增加,制造和维护都困难。

(2)集中绕阻磁轭式

口径大于10毫米、小于100毫米的传感器采用这种结构,如图4-15所示。励磁绕组制成两只马鞍形,分别装在导管上下。为了保证磁场均匀,加了一对极靴,同时在绕组外围加一层磁轭,磁轭常用0.3~0.4毫米厚的硅钢片制成,绕组用高强度漆包线绕制。

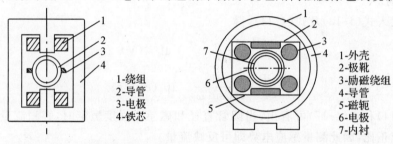

图4-14　变压器铁芯式　　　　图4-15　集中绕组磁轭式

1-绕组　　2-导管　　3-电极　　4-铁芯

1-外壳　　2-极靴　　3-励磁绕组　　4-导管　　5-磁轭　　6-电极　　7-内衬

(3)分段绕组磁轭式

当传感器口径大于100毫米时,一般采用分段绕组式。如图4-16所示,鞍形励磁线圈按余弦分布分段绕制,靠近电极部分的线圈绕得密一些,距电极远的部分绕得稀一些,以得到均匀的磁场。线圈外也加一层磁轭,但无需加极靴。按此分段绕制的鞍形励磁线圈放在导管上下,使磁感应密度与管道横截面平行,以保证测量精度。

这种分段绕制法可以减小体积,保证磁场均匀,目前各制造厂已普遍采用。

电磁流量传感器的测量导管处于磁场中,为使磁力线通过导管时磁通不被分路或产生涡流,导管必须由高电阻率非磁性金属或非金属材料制成,例如不锈钢、玻璃钢或某些铝合金等。

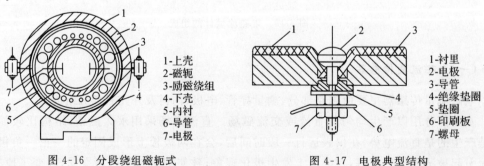

图4-16　分段绕组磁轭式　　　　图4-17　电极典型结构

1-上壳　　2-磁轭　　3-励磁绕组　　4-下壳　　5-内衬　　6-导管　　7-电极

1-衬里　　2-电极　　3-导管　　4-绝缘垫圈　　5-垫圈　　6-印刷板　　7-螺母

感应电势通过电极引出,因此一般电极直接与被测介质接触(特殊情况下,为避免电极污染,采用电容检出型电磁流量计时,将电极处置于导管外)。电极的材料按被测介质的腐蚀性能而定,但必须是非磁性导电材料。目前大多采用不锈钢(1Cr18Ni9Ti),能耐一般酸、碱、盐的腐蚀。也可选用新型耐酸钢、铂铱合金、蒙乃尔合金、白金、黄金或不锈钢镀金等。电极典型结构如图 4-17 所示,电极的引出线采用印刷板形式,其中一个电极引出两根导线,以便接到调零电位器上进行调零。

为了使传感器能适应被测介质的腐蚀性,并防止两电极被金属导管所短路,在传感器导管内与被测液体接触的地方以及金属导管与电极之间,都必须有绝缘衬里。衬里与导管可制成复合管形式。衬里的材料根据被测介质的性质及工作温度而定。

常用衬里材料性能见表 4-2。

表 4-2 常用绝缘内衬材料性能及适用范围

名　　称	性　　能	最高工作温度 (℃)	适用液体
1. 聚三氟乙烯	化学稳定性高,仅次了聚四氟乙烯,但耐磨性能差。	100	水、酸溶液
2. 聚四氟乙烯	化学稳定性很高,对浓酸、浓碱,最高的氧化剂在高温下也不发生变化,但粘结性能差,耐磨性能也不好。	130	腐蚀性强的浓酸、碱、盐溶液
3. 聚氨酯橡胶	耐磨性能好,但耐酸、碱性能差	70	水泥浆、纸浆类液体
4. 氯丁橡胶	弹性好,耐磨、耐腐蚀,抗冲击性好,成本也较低	70	水泥浆、矿浆、稀酸
5. 耐酸搪瓷	耐除氢氟酸、磷酸以外的其它酸类和溶剂,有一定的耐碱性,但抗冲击性差	180	一般酸、碱腐蚀性液体

(二)电磁流量转换器

电磁流量转换器的作用是把电磁流量变送器输出的和流量成比例的交流毫伏信号放大并转换成标准直流信号输出,以便接到电动单元组合仪表上,实现指示、记录、计算和调节。

第四节　超声波流量计

超声波流量计的特点是流体内不插入任何元件,对流速无影响,也没有压力损失;由于超声波能穿透金属,可将超声换能器装在金属管道外面,因此管道无须特殊加工,在直管道上随处都可以进行测量。超声波频率选择恰当,可在流体内远距离穿透,适于大管道甚至江河的流量测量。超声波不受流体导电性及磁效应影响,应用范围十分广泛。超声波流量计的输出与流量的关系一般是线性的,便于刻度和小流量测量。

但是,超声波是利用流体内的声传播,流体内如有气泡及杂音出现,会影响它的传播。超声波流量计实际测定的是流体速度,受到速度分布不同的影响,虽然可以校正,但不十分准确。特别是超声流量计应用的电子器械较多,结构比较复杂,成本也较高。虽然如此,由于超声波流量具有前述突出的优点,在有些场合如某些高温或腐蚀性强的冶金过程中及特殊流体或危险流体的流量测量中,应用超声波流量计比较适宜。

超声波流量计根据测量方法的不同是多种多样的,这里简要介绍两种:

1. 单环法超声波流量计

单环法是将两个超声换能器斜对面安装在管外两侧,超声波以入射角 φ_1 射入管壁,在管壁内超声波以横波形式传播,折射角为 φ_2,然后射入介质,又以纵波方式传播,折射角为 θ 透过介质,如图 4-18(a)。换能器也可装在管内的两侧,超声波直接射入流体介质,入射角为 θ,如图 4-18(b)。两个换能器是相同的,通过电子开关的控制,交替地作为超声波发射器与接收器。由发生器发出的第一个超声波,透过管壁、流束及管壁后为另一换能器接收;或直接透过介质为另一换能器接收。接收器接收到超声波脉冲后,立即启动发生器发出第二个超声脉冲……,这样就是得到了"单环"自激振荡脉冲频率。

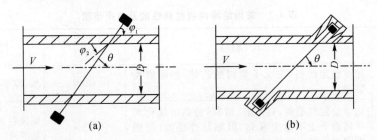

图 4-18 单环法超声流量计的原理

设超声波进入管道内的流体时,液体的流速为 V,超声波束与管道水平轴线的夹角为 θ,在静止流体中的超声波传播速度为 C,管道直径为 D,在顺流方向的单环频率为

$$f_a = \left[\frac{D}{\sin\theta(C+V\cos\theta)+\tau}\right]^{-1}$$

而逆流方向的单环频率为

$$f_c = \left[\frac{D}{\sin\theta(C-V\cos\theta)+\tau}\right]^{-1}$$

式中 τ——由于管壁传输及电路上的滞后时间。

由于声速 C 远大于流体的流速 V,则顺、逆流单环频率差可为

$$\Delta f = f_a - f_c = \frac{\sin 2\theta}{D}\left(1+\frac{\tau C}{D}\sin\theta\right)^{-1}V \tag{4-18}$$

由于 θ、D、C 和 τ 一般来说可看作常数,故 Δf 与 V 成正比,即如果测得频率差便可算出流体的流速,再根据管道截面积计算出流量,故这种流量计的测量方法又称为频差法,应用比较普遍。

2. 传播时间法超声波流量计

如图 4-19 所示,采用三个换能器,在管道一侧装一个换能器 F_2,在另一侧装两个换能器 F_1 及 F_3。设 $F_1 \to F_2$、$F_2 \to F_3$ 及 $F_1 \to F_3$ 之间的距离为 l_1、l_2 及 d。l_1、l_2 与流向轴线之间的夹角分别为 θ_1 和 θ_2,如图 4-19。当流体的流速为 V,静止流体中的声速为 C,则从 $F_1 \to F_2 \to F_3$ 的传播时间为 t_1

$$t_1 = \frac{l_1}{C+V\cos\theta_1} + \frac{l_2}{C+V\cos\theta_2} + \Delta t \tag{a}$$

从 $F_3 \to F_2 \to F_1$ 的传播时间为 t_2

$$t_2 = \frac{l_2}{C - V\cos\theta_2} + \frac{l_1}{C - V\cos\theta_1} + \Delta t \qquad \text{(b)}$$

式中　Δt——电路滞后时间。

测出传播时间 t_1 与 t_2 之差可算出流体的流速 V,故它又称为时差法。

因为　　　　$d = l_1\cos\theta_1 + l_2\cos\theta_2$　　　(c)

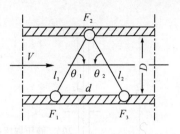

图 4-19　传播时间法超声波流量计原理

第五节　速度头流量计

一、速度头流量计测量原理

用测量速度头以检测流量是一种较为简便的方法,由伯努里方程可知总压头 h_t 等于动压头 h_v、静压头 h_s 及压头损失 h_l 之和。当不考虑压头损失时,测定了 h_t 及 h_s,其差值即为动压头 h_v,如图 4-20,这时:

$$h_v = h_t - h_s = \frac{1}{2}\rho V^2$$

即流体的流速 V 为

$$V = \sqrt{2h_v/\rho}\ \text{m/s} \qquad (4-19)$$

式中　ρ——流体的密度,kg/m^3。

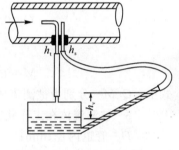

图 4-20　动压头测量原理

对于可压缩的流体,$h_v = \frac{1}{2}\rho V^2[1 + V^2/(2c)^2 + (2-k)V^4/(2c)^4 + \cdots]$,式中 c 为音速,k 为气体的等熵指数,$k = c_p/c_v$,其中 c_p 为气体的定压比热,c_v 为定容比热。当气体的流速达 60m/s 时,由于气体的可压缩性引起的误差达 1%,这是使用速度头流量计测量高速气流速度时不能忽视的。

二、皮托管

最简单的方法是在管道上开两个孔,用直径 5～8mm(也可用 $\phi2$～3mm)的铜管或不锈钢管两根,一根弯成 90° 角,正对流束方向安装,测得的是 h_t;一根直管则垂直管道轴线安装,测得的是 h_s,如图 4-20。比较好的办法是采用标准皮托管,有圆锥形及半圆球形管头两种,如图 4-21。无论采用哪一种皮托管,测量总压头的管子方向必须正对流束来的方向,如有偏移必造成误差,一般认为偏离中心线在 16° 以内影响不大,可以忽略不计。

三、测量方法

用皮托管测量出来的速度只横截面上某一点的速度,通常是把皮托管装在管道中心,所测出的是最大速度 V_{max},而流量计算所需的是平均速度 V_{mean}。此外,皮托管测速的结果还与其结构形式有关,换言之,同样是某一点的速度,用不同形式的皮托管去测量,所得速度头

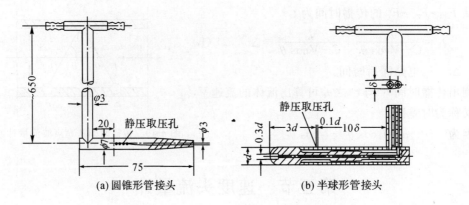

(a) 圆锥形管接头　　　　　　　(b) 半球形管接头

图 4-21　标准皮托管

的大小不一定相同。这与皮托管本身取压孔开设的位置及制造加工精度等因素有关。考虑到这些影响因素,皮托管测速计算流量的公式表达为

$$Q = 0.01251 K_1 K_2 D^2 \sqrt{\frac{h_{v_{\max}}}{\rho}} \quad \mathrm{m^3/h} \tag{4-20}$$

或

$$M = 0.01251 K_1 K_2 D^2 \sqrt{h_{v_{\max}} \rho} \quad \mathrm{kg/h} \tag{4-21}$$

式中　Q、M——分别为被测流体的体积流量和质量流量;

ρ——被测流体在工作状态下的密度,$\mathrm{kg/m^3}$;

D——管道内径;mm;

K_1——皮托管结构系数,随其结构型式而异,对于标准皮托管 $K_1 \approx 1$;对于其他型式皮托管 K_1,由制造厂或单独标定给出;

K_2——管道的速度分布系数,$K_2 = \dfrac{V_{\mathrm{mean}}}{V_{\max}} = \sqrt{\dfrac{h_{v_{\mathrm{mean}}}}{h_{v_{\max}}}}$;

$h_{v_{\max}}$、$h_{v_{\mathrm{mean}}}$——分别为最大速度头和平均速度头,$\mathrm{mmH_2O}$。

管道速度分布状态与雷诺数 Re_D 有关,如图 4-22 所示。用皮托管测出管道中心最大速度,并计算出雷诺数,便可利用该图查出近似的平均速度,从而可算得速度分布系数 K_2。

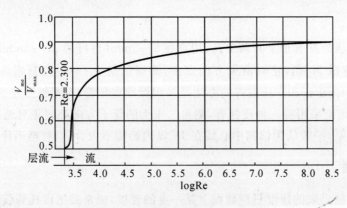

图 4-22 速度分布雷诺数的关系

第六节　靶式流量计

一、靶式流量计的工作原理

这种流量计适用于测量粘度较高,雷诺数较低的流体,例如重油、沥青、矿浆、高温溶液、有机酸、淬火油、非导电流体、气体及蒸汽等,对于脉动流的流量测量也适用。从流体力学的基本原理看,这种流量计与节流式流量计和变面积流量计相似,都是采用流体能量形式的转换关系来进行流量测量的。

靶是装在管道内中心线上的一个小圆靶,如图 4-23,对运动的流体不但有阻流作用还有节流作用,流体正面作用到靶上的力 F 与流速 V 的关系为

$$F = KA_d V_2 \cdot \frac{\rho}{2} \quad N$$

式中　K—比例系数;

A_d—靶的受力面积,m^2;

ρ—介质的质量密度,kg/m^3;

V—环形间歇中介质的平均流速,m/s。

由上式可得 $V = \sqrt{2F/K\rho A_d}$

通过管道的体积流量为

$$q_v = VA_0 = A_0 \sqrt{2F/K\rho A_d}$$

A_0 是环形通道面积,$A_0 = \pi(D^2 - d^2)/4$,其中 D 为管道直径,d 为靶的直径。当作用力 F 以 $kgf(1kgf = 9.81N)$ 计算时,流体的体积流量 q_v,为

$$q_v = \frac{\pi(D^2 - d^2)}{4} \sqrt{\frac{8 \times 9.81}{\pi d^2}} \sqrt{\frac{F}{K\rho}} = \frac{D^2 - d^2}{d} \sqrt{\frac{9.81\pi}{2}} \sqrt{\frac{1}{K}} \sqrt{\frac{F}{\rho}} \quad m^3/s$$

工程上管径与靶径以 mm 计,流量以 m^3/h 计,则上式为

$$q_v = \frac{3600}{1000} \sqrt{\frac{9.81 \times 3.14}{2}} \cdot \frac{D^2 - d^2}{d} \cdot \sqrt{\frac{1}{K}} \sqrt{\frac{F}{\rho}} = 14.129 \times K_a \frac{D^2 - d^2}{d} \cdot \sqrt{\frac{F}{\rho}} \quad m^3/h$$

$$\tag{4-22}$$

或

$$M = 14.129 \times K_a \frac{D^2 - d^2}{d} \cdot \sqrt{F\rho} \quad kg/h \tag{4-23}$$

$K_a = \sqrt{\dfrac{1}{K}}$ 是流量系数,其数值由实验确定。它与直径比 $\beta = \dfrac{d}{D}$ 及流体流动状态有关,图 4-24 是管径 $D = 53mm$,$\beta = 0.7$ 及 $\beta = 0.8$ 的圆靶的 Re 与 K_a 关系曲线。当 $Re > 2000$ 时 K_a 基本上保持不变,仪表精度可达 $\pm 3.0\%$;当 Re 较小时,K_a 随 Re 数的降低而减小。对于这样的靶总是希望 K_a 在 $0.62 \sim 0.68$ 范围内(在曲线较平坦的区域内)为宜。随着管径的增大,当 β 值仍在 $0.7 \sim 0.8$ 以内,$Re > 1500$ 时,仪表精度可达 $\pm 2.0\%$,K_a 在 $0.64 \sim 0.66$ 范围内。

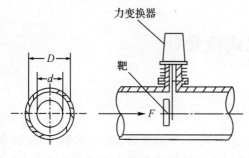

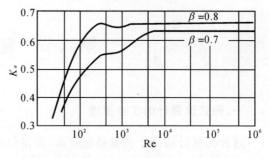

图 4-23　靶式流量计原理　　　　图 4-24　靶式流量计的 K_a 与 R_a 的关系

靶受到的作用力,可以采用气动或电动压力变送器转换成气动或电动统一标准信号,再送到二次仪表显示记录并计算流量。常用的有 LQD 型气动靶式流量变换器和 LYD 型电动靶式流量变换器,它们的工作原理,与差压变送器相似,这里就不再介绍了。

靶式流量计安装在管道上,利用气动或电动变送器将流量信号转变为标准信号,无需易堵、易漏或易冻的引压导管,也不需切断阀、沉降器或隔离器等辅助装置,安装与维护都较方便。特别是在雷诺数较低的情况下流量系数保持稳定,能适应某些节流式流量计及变面积流量计难以检测的特殊介质。但这种流量计的试验研究还不够,实验数据不全,应用受到限制。

二、电动靶式流量计

电动靶式流量计是将流体流动作用于靶上动经变送器转换为标准电信号,输出给显示仪表,作为指示和记录。对 DDI-II 型,电流信号范围为 0～10 毫安;对 DDI-III 型,为 4～20毫安。

电动靶式流量变送器,目前产品有杠杆力平衡式和矢量机构力平衡式两种。由于采用了矢量机构,在改变量程时不必移动支点,所以调整方便,工作稳定。因此,都趋于采用矢量机构。下面介绍矢量机构力平衡靶式流量计的工作原理及结构。

靶式流量变送器工作原理图如图 4-25 所示。流体作用于靶上的力 F,使主杠杆 4 以轴封膜片 3 为支点产生偏转位移。该位移经过矢量机构 6 传递给副杠杆 12,使固定于副杠杆上的检测板 9 产生位移。此时差动变压器 11 的平衡电压产生变化,由放大器 10 转换为 0～10 毫安直流电流输出。同时,该电流经过对处于永久磁钢内的反馈线圈 13 与磁场作用,产生与电流成正比的反馈力 F_f。该反馈力与测量力平衡,杠杆便回到平衡状态。因此,仪表的输出电流和作用于靶上的力成比例,而作用于靶上的力和流量的平方成比例,故输出电流和流量的平方成比例。

三、气动靶式流量计

气动靶式流量计由测量和气动转换两部分组成。它与电动靶式流量计一样,是按力矩平衡原理工作的。如果 4-26 所示,流体流过靶而作用于靶上,使其受力 F。此力 F 使主杆 3 以密封膜片 2 为支点而转动,经搭板 4 将力 F 传递给副杠杆 7,使其围绕量程调节活动支点 8 旋转。副杠杆的运动,改变挡板 6 与喷嘴 5 之间的距离。当喷嘴挡板间的距离变小(两者靠近)时,则增加压缩空气向外喷射的阻力,从而增大了气动放大器 9 的输入气压,这样,

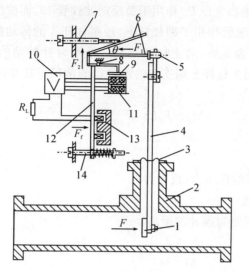

1-靶板
2-导流管
3-密封膜片
4-主杠杆
5-静压调整螺钉
6-矢量机构
7-量程调整丝杆
8-十字簧片（支点）
9-检测板
10-放大器
11-差动变压器
12-副杠杆
13-反馈线圈
14-调零螺钉

图 4-25　靶式流量变送器工作原理示意

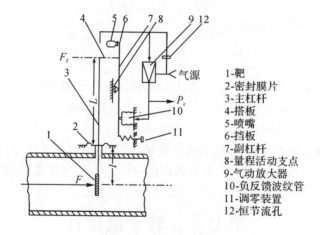

1-靶
2-密封膜片
3-主杠杆
4-搭板
5-喷嘴
6-挡板
7-副杠杆
8-量程活动支点
9-气动放大器
10-负反馈波纹管
11-调零装置
12-恒节流孔

图 4-26　气动靶式流量计动作原理

经气动放大器 9 的输出气压 P_c 也增大。P_c 即为仪表输出值。输出气压 P_c 同时通入负反馈波纹管 10，使 P_c 对副杠杆产生一个反馈力 F_f。此反馈力经搭板 4 又传到主杆上端，用以平衡流体作用在靶上的力 F。由图 4-26 看出，作用力 F 与反馈力 F_f 对主杠杆而言造成相反的力矩。因此波纹管 10 称为负反馈波纹管。量程活动支点 8 用以改变副杠杆的力臂比，从而改变负反馈波纹管在副杠杆上的作用力给予主杠杆的反馈力矩，使输出气压 P_c 与作用力 F 之间平衡时力的比例关系改变，从而得到不同的量程范围。

放大器的输出气压 P_c 为什么会代表流量呢？这可从主杠杆的力矩平衡方程式来分析，当主杠杆平衡时，靶上受的力 F 形成对主杠杆的信号力矩 $M=Fl$；主杠杆上端的反馈力 F_f 形成对主杠杆的反馈力矩 M_f。两者大小相等，方向相反。M_f 的大小决定于 F_f 以及主杠杆上端力臂长度 L；反馈力 F_f 的大小，又决定于负反馈波纹管在副杠杆上的作用面积 A 和仪表输出气压 P_c 以及副杠杆的力臂比 e：

$$F_f = eAP_c \tag{4-24}$$

这是因为，F_f 实际上是由于输出气压 P_c 作用于负反馈波纹管 10，而波纹管的底面积 A 固定于副杠杆上，因此 P_c 通过波纹管作用于副杠杆上，经副杠杆 8 的传动折算到主杠杆 3 上端受的力。此力将以密封膜片为支点，对主杠杆造成一个顺时针转动的反馈力矩 M_f。其大小等于 F_f 与密封膜片支点到主杠杆上端支点的距离 L 的乘积。其方向与信号力矩 M 相反。

$$M_f = F_f L \tag{4-25}$$

$$M = Fl \tag{4-26}$$

式中　F-流体对靶的作用力；

F_f-负反馈波纹管对主杠杆的作用力（反馈力）；

l-靶中心到密封膜片的距离；

L-主杠杆上力 F_f 作用点到密封膜片的距离。

当主杠杆上力矩平衡时，

$$M = M_f \tag{4-27}$$

将式（4-24）、（4-25）和（4-26）代入式（4-27）中

$$Fl = F_f L = eAP_c L$$

所以

$$P_c = \frac{l}{eAL} F$$

当气动靶式流量计结构确定后，e、A、l、L 都是定值。令 $K = l/eAL$，称为变送器的比例系数，则

$$P_c = KF$$

F 是被测流体对靶的作用力，代表流体流量。因此，气动靶式流量计的输出气压 P_c 反映了被测流量大小。由于 F 与流量平方成正比，因此，P_c 也与流量 q_v 或 M 的平方成正比。

第七节　转子流量计

转子流量计由一段垂直安装并向上渐扩的圆锥形管和在锥形管内随被测介质流量大小可以上下浮动的浮子组成，如图 4-27 所示。当被测流体经浮子与管壁之间环形通流流动时，由于节流作用在浮子上下产生差压 Δp，此差压作用在浮子上产生的浮力。当浮力与浮子在介质中的重力相等时，浮子便处于平衡状态，浮子就稳定在锥形管的一定位置上，在测量过程中，浮子的重力和流体对浮子浮力不变，故浮子受到差压始终是恒定的。当流量增大时，差压增大，使浮子上升，浮子与管壁之间环形通流面积大，使差压减小，直至浮子上下的差压恢复到原来的数值，此时浮子平衡于原来位置上面。因此可以用浮子在锥形管中的位置来指标流量大小。

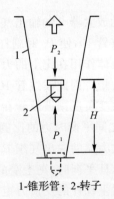

1-锥形管；2-转子

图 4-27　转子流量计原理图

浮子处于锥形管中某一位置,相当于通流面积为 A_0 的可变节流件,流经节流体所产生的差压与容积流量有如下关系:

$$q_v = \alpha A_0 \sqrt{\frac{2\Delta P}{\rho}} \qquad (4\text{-}28)$$

式中　α 与浮子形状,尺寸等有关的流量系数;

　　　ρ 流体密度。

当浮子处于力平衡情况下,差压对浮子产生的浮力等于浮子在介质中的重力,即

$$A_f \Delta p = V_f(\rho_f - \rho)g$$

$$\Delta p = \frac{V_f}{A_f}(\rho_f - \rho)g$$

式中　A_f 浮子的有效横截面积;

　　　V_f 浮子的体积;

　　　ρ_f、ρ 分别为浮子材料和流体的密度;

　　　g-当地重力加速度。

合并上述两式,可得容积流量与通流面积 A_0 之间的关系

$$q_v = \alpha A_0 \sqrt{\frac{2gV_f}{A_f}} \sqrt{\frac{\rho_f - \rho}{\rho}} \qquad (4\text{-}29)$$

考虑到锥形通流面积 A_0 与浮子在管中高度 H 成正比,即

$$A_0 = CH \qquad (4\text{-}30)$$

式中 C—与圆锥管锥度有关的比例系数。

因此可得容积流量 q_v 与浮子高度的关系式

$$q_v = \alpha CH \sqrt{\frac{2gV_f}{A_f}} \sqrt{\frac{\rho_f - \rho}{\rho}} = KH \qquad (4\text{-}31)$$

转子流量计的流量系数 α 与转子形状、流体雷诺数有关,对于一定浮子形状,当雷诺数大于某一低限雷诺数 $(Re_D)k$,流量系数就趋于一常数。因此,对于一定材料,形状的浮子和一定密度的流体,在大于低限雷诺数以上时,就能得到

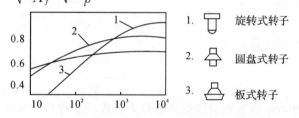

图 4-28　转子流量计的 α-Re 曲线

容积流量与浮子高度 H 之间的线性刻度关系。图 4-28 列举了三种浮子的转子流量计流量系数 a 与雷诺数的关系。其中 1 为旋转式浮子,它的低限雷诺数 $(Re_D)k$ 约为 6000,多用于玻璃管直接指示的转子流量计;2 为圆盘式浮子,它的 $(Re_D) = 300$;3 为板式浮子,$(Re_D)k = 40$。2 和 3 广泛应用于电气远传式转子流量计,电气远传式转子流量计通常是使浮子带动变压器的铁芯上下移动,通过位移—电感变换的方法将浮子的位置信号变换成电量信号。

转子流量计的主要特点是适合于小流量测量。工业用的转子流量计的测量范围从每小时十几升到几百立方米(液体)、几十立方米(气体)。它的基本误差约为刻度最大值的 $\pm 2\%$ 左右。量程比(最大流量与最小流量的比值)为 10∶1,而差压式流量计为 3∶1,故转子流量计量程较大,转子流量计压力损失小,转子位移随波测流体的流量变化反应快。此外,转

流量计必须垂直安装,被测流体应由下而上,不能相反。当转子和壳体由耐腐蚀材料制作时,可用来测量有腐蚀介质的流量。直读式锥形管多用透明玻璃管,它适宜就地指示和透明介质的情况下使用。此外,如果粘附了污垢,会使转子重量 W_f、环形缝隙通道面积 A_0 发生变化,也可影响到转子沿锥形管轴线作上下垂直的浮动,从而引起与管壁产生摩擦的可能,这些都会带来测量误差。另外,转子流量计不耐压,耐压系统流量测量不能应用。

转子流量计是一种非标准化仪表,制造厂需要对每台单独进行流量刻度标尺的标定。虽然这种流量计可用来测量各种气体、液体和蒸汽的流量,但仪表厂在进行刻度标定时,一般都用水代液体、空气等各种气体(包括蒸汽),并在标准状态(20℃、760mmHg)下进行的。也就是说转子流量计上的流量刻度值,测量液体时是代表 20℃ 时的水的流量值。测量气体时是代表 20℃、760mmHg 压力下的空气流量值。因此用于不是水或不是空气的其他流体测量时,由于介质的密度、温度、压力不一样,转子流量的示值和被测介质实际流量值存在差异。因此必须进行换算或修正。

1. 液体介质

对于各种流体介质,由于其密度、温度、压力和粘度不同,可以使流量系数 α 和流量发生变化,此时关系比较复杂,应用试验求得校正系数,从流量公式(4-31)可得到一般的换算公式

$$\frac{q_v^0}{q_v} = \frac{\alpha_0}{\alpha} \sqrt{\frac{\rho_f - \rho_0}{\rho_f - \rho} \cdot \frac{\rho}{\rho_0}} \qquad (4\text{-}32)$$

式中　$q_v^0 \rho_0 \alpha_0$——仪表标定时的流量刻度值、水的密度和水的流量系数;

$q_v \rho \alpha$——被测流体的实际体积流量、流体密度和流量系数。

如果被测液体的粘度与水相差不大,可以认为 $\alpha = \alpha_0$,即两种介质的流动特性是相似的,此时只要进行密度换算,式(4-32)可改写为:

$$\frac{q_v^0}{q_v} = \sqrt{\frac{\rho_f - \rho_0}{\rho_f - \rho} \cdot \frac{\rho}{\rho_0}} = K_v \qquad (4\text{-}33)$$

对于质量流量

$$\frac{q_m^0}{q_m} = \sqrt{\frac{\rho_f - \rho_0}{\rho_f - \rho} \cdot \frac{1}{\rho \cdot \rho_0}} = K_m \qquad (4\text{-}34)$$

式中,K_v 称容积流量的密度修正系数,K_m 称质量密度修正系数。由此可得:

$$q_v = \frac{q_v^0}{K_v}; \quad q_m = \frac{q_m^0}{K_m}$$

转子常用材料的密度 ρ_f 见表 4-3。

表 4-3　常用转子材料密度(10^3 kg/m³)

材料名称	不锈钢	胶木	玻璃	铝	铁	铅	聚四氟乙烯
密度 f	7.92	1.45	2.44	2.861	7.81	11.35	2.18

注:本表仅适用于密度为 7.92×10^3 kg/m³ 的不锈钢转子,若采用其他转子材料,按(4-33)、(4-34)式计算。

2. 气体介质

气体的密度受压力、温度变化的影响要比液体大得多,因此,不仅测量不同气体流量时要换算,而且同一气体在参数变化时也要进行刻度换算,为了简化换算公式,可以忽略粘度对流量系数的影响。

对于气体，$\rho_f \gg \rho_{空气}$，$\rho_f \gg \rho$ 据式(4-33)，测量不同气体流量刻度的密度修正公式：

$$\frac{q_v^0}{q_v} = \sqrt{\frac{\rho_f - \rho_0}{\rho_f - \rho} \cdot \frac{\rho}{\rho_0}} = \sqrt{\frac{\rho}{\rho_0}} \qquad (4-35)$$

对于同一种气体，如压力不太高，温度不太低，可用理想气体来处理

$$PV = \frac{m}{M}RT, \rho = \frac{m}{V} = \frac{MP}{RT}$$

将此式代入(4-33)中

$$\frac{q_v^0}{q_v} = \sqrt{\frac{\rho}{\rho_0}} = \sqrt{\frac{PT_0}{P_0 T}} \qquad (4-36)$$

综合式(4-35)和式(4-36)，求出与标定时不同的气体、温度、压力同时变化时刻度换算公式

$$\frac{q_v^0}{q_v} = \sqrt{\frac{\rho}{\rho_0} \frac{T_0}{T} \frac{P}{P_0}} = K_p K_T K_\rho \qquad (4-37)$$

式中，K_p、K_T、K_ρ 分别为气体流量计刻度压力修正系数，温度修正系数和密度修正系数。常用 K_p、K_T 和常用气体密度列表于表 4-5、表 4-6、表 4-7。

表 4-4　流体流量的密度修正系数

ρ(克/厘米³)	K_v	K_M	ρ(克/厘米³)	K_v	K_M	ρ(克/厘米³)	K_v	K_M
0.40	0.607	1.516	0.95	0.971	1.022	1.50	1.272	0.874
0.45	0.646	1.435	1.00	1.000	1.000	1.55	1.297	0.837
0.50	0.683	1.365	1.05	1.028	0.979	1.60	1.323	0.827
0.55	0.719	1.307	1.10	1.056	0.960	1.65	1.351	0.818
0.60	0.754	1.256	1.15	1.084	0.943	1.70	1.376	0.809
0.65	0.787	1.211	1.20	1.111	0.927	1.75	1.401	0.800
0.70	0.819	1.170	1.25	1.139	0.911	1.80	1.427	0.792
0.75	0.851	1.134	1.30	1.165	0.897	1.85	1.453	0.785
0.80	0.882	1.102	1.35	1.193	0.884	1.90	1.477	0.778
0.85	0.912	1.073	1.40	1.220	0.872	1.95	1.504	0.771
0.90	0.944	1.046	1.45	1.245	0.859	2.00	1.529	0.764

表 4-5　气体 K_p

工作压力 P				$\frac{1}{K_p}$	K_p	工作压力 P				$\frac{1}{K_p}$	K_p
表压	单位	绝对压力	单位			表压	单位	绝对压力	单位		
500	mmH₂O	10833	mmH₂O	0.9766	1.024	1.0	kgf/cm²	20333	mmH₂O	0.7128	1.403
600	mmH₂O	10933	mmH₂O	0.9718	1.029	2	kgf/cm²	30333	mmH₂O	0.5836	1.713
700	mmH₂O	11033	mmH₂O	0.9671	1.034	3	kgf/cm²	40333	mmH₂O	0.5061	1.976
800	mmH₂O	11135	mmH₂O	0.9643	1.037	4	kgf/cm²	50333	mmH₂O	0.4531	2.207
900	mmH₂O	11233	mmH₂O	0.9597	1.042	5	kgf/cm²	60333	mmH₂O	0.4138	2.416
1000	mmH₂O	11333	mmH₂O	0.9551	1.047	6	kgf/cm²	70333	mmH₂O	0.3832	2.609
0.2	kgf/cm²	12333	mmH₂O	0.9132	1.095	7	kgf/cm²	80333	mmH₂O	0.3586	2.788
0.4	kgf/cm²	14333	mmH₂O	0.8489	1.178	8	kgf/cm²	90333	mmH₂O	0.3382	2.956
0.6	kgf/cm²	16333	mmH₂O	0.7955	1.257	9	kgf/cm²	100333	mmH₂O	0.3209	3.116
0.8	kgf/cm²	18333	mmH₂O	0.7508	1.332	10	kgf/cm²	110333	mmH₂O	0.3066	3.268

表 4-6　气体 K_T

工作温度 ℃	$1/K_T$	K_T	工作温度 ℃	$1/K_T$	K_T	工作温度 ℃	$1/K_T$	K_T
0	0.9662	1.0350	70	1.0820	0.9242	140	1.880	0.8422
10	0.9833	1.0170	80	1.0960	0.9110	150	1.2020	0.8323
20	1.0000	1.0000	90	1.1130	0.8984	160	1.2160	0.8226
30	1.0170	0.9834	100	1.1290	0.8863	170	1.2300	0.8132
40	1.0330	0.9676	110	1.1430	0.8746	180	1.2240	0.8042
50	1.0490	0.9525	120	1.1580	0.8634	190	1.2570	0.7955
60	1.0660	0.9380	130	1.1730	0.8526	200	1.2710	0.7871

注：$K_T = T_0/T, T = 273 + t$

表 4-7　几种常用气体密度表

气体名称　密度（kg/m³）　工作状态参数	氢气 H_2	氧气 O_2	空气（干）	氮气 N_2	氯气 Cl_2	氨气 NH_3	乙炔 C_2H_2	二氧化碳 CO_2
$P = 1.033 \text{kgf/cm}^2$　$T = 293K$	0.084	1.331	1205	1.165	3.000	0.719	1.091	1.842
$P = 1 \text{kgf/cm}^2$　$T = 298K$	0.081	1.289	1.165	1.128	2.904	0.696	1.065	1.783

第八节　节流式流量计

节流式流量计系利用流体流经节流装置时产生的压力差实现流量检测的。通常是由能将流体的流量转换成压（力）差信号的孔板、喷嘴等节流装置，以及测量压差的显示仪表所组成，它是目前冶金生产中应用最广的一种流量计。

一、节流装置原理及流量方程

节流装置或称节流件一般安装在水平管道中。如图 4-29 所示，在管道中安装一块节流件（孔板），当流体连续经过节流件时，在节流件前后由于压力转换而产生压差。对于不可压缩的流体，在水平管道中压差与流速的关系，当忽略压头损失时可由伯努里方程导出为

$$P_1 + \frac{\rho}{2}V_1^2 = P_2 + \frac{\rho}{2}V_2^2 \tag{4-38}$$

式中　P_1、P_2——相应于断面 1、2 处的静压力，Pa（N/m²）；

$\quad\quad V_1$、V_2——相应于断面 1、2 处的流体流速，m/s；

$\quad\quad \rho$——流体的密度，kg/m³。

由式（4-38）可得

$$V_2^2 - V_1^2 = \frac{2}{\rho}(P_1 - P_2) = \frac{2}{\rho}\Delta P \tag{4-39}$$

式（4-39）是假定流体的流速是均匀地并且都等于平均流速。不可压缩流体通过节流

件前后,其密度没有变化且都等于 ρ。

根据流量连续性方程可写出

$$A_1 V_1 = A_2 V_2 \tag{4-40}$$

式中　A_1—断面 1 流束收缩前的截面积(等于管道截面积),m^2;

A_2—断面 2 流速收缩的最小截面积,m^2。

因 $A_2 = \mu A_d$(μ—流速收缩系数;A_d—节流件开孔截面积,m^2),$A_d / A_1 = d^2 / D^2 = \beta^2$($\beta$—节流件开孔直径 d 与管道直径 D 之比)。故从式(4-39)和(4-40)可整理得

$$V_2 = \frac{1}{\sqrt{1 - \mu^2 \beta^4}} \sqrt{\frac{2 \Delta P'}{\rho}} \tag{4-41}$$

实际流体流动时是有压头损失的,流速也不是均匀的。其次,通常是在节流件前后端面处测取静压差 ΔP,而不是 $\Delta P'$,如图(4-29)所示。考虑这些因素在式(4-41)中应引入系数 ξ 加以修正得

$$V_2 = \frac{\xi}{\sqrt{1 - \mu^2 \beta^4}} \sqrt{\frac{2 \Delta P}{\rho}} \tag{4-42}$$

被测流体的体积流量 q_v 可由下式确定

$$q_v = \mu A_d V_2 = \frac{\mu \xi}{\sqrt{1 - \mu^2 \beta^4}} A_d \sqrt{\frac{2 \Delta P}{\rho}}$$

令 $a = \dfrac{\mu \xi}{\sqrt{1 - \mu^2 \beta^4}}$ 称为流量系数,于是得到

不同压缩流体流量的基本方程为
对于体积流量

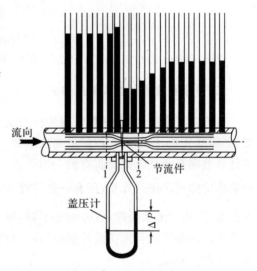

图 4-29 节流装置原理

$$q_v = \alpha A_d \sqrt{\frac{2 \Delta P}{\rho}} \quad m^3/s \tag{4-43}$$

对于重量流量:

$$M = q_v \cdot \rho = \alpha A_d \sqrt{2 \Delta P \cdot \rho} \quad kg/s \tag{4-44}$$

流量系数 α 是一个综合性系数,它与节流装置的种类、取压方式、直径比 β 以及雷诺数 Re_D 等因素有关,其值须由实验确定,这将在后面叙述。

对于可压缩的流体,流经节流装置前后,流体的密度会发生变化,即 $\rho_1 \neq \rho_2 \neq \cdots\cdots \neq \rho$,应加一个流束膨胀修正系数 ε,则流体的流量方程为

$$q_v = \alpha \varepsilon A_d \sqrt{\frac{2 \Delta P}{\rho}} \quad m^3/s \tag{4-45}$$

$$M = q_v \cdot \rho = \alpha \varepsilon A_d \sqrt{2 \Delta P \cdot \rho} \quad kg/s \tag{4-46}$$

工程上一般采用圆形管道,孔板的开孔面积 $A_d = \pi d_t^2 / 4$,管道的面积 $A_D = \pi D_t^2 / 4$,其中 d_t 与 D_t 分别为节流件开孔与管道在工作条件下温度为 $t℃$ 时的实测直径。如 d_t 与 D_t 的单位为毫米,时间单位为小时,则流量的实用方程为

$$q_v = 3600 \times 10^{-6} \times \frac{3.14}{4} \times \sqrt{2} \times \alpha \varepsilon d_t^2 \sqrt{\frac{\Delta P}{\rho}} = 0.003996 \alpha \varepsilon d_t^2 \sqrt{\frac{\Delta P}{\rho}} \quad m^3/h \tag{4-46}$$

$$M=0.003996\alpha\varepsilon d_t^2 \sqrt{\Delta P \cdot \rho} \quad \text{kg/h} \tag{4-47}$$

在式(4-46)和式(4-47)中,压差 ΔP 的单位为 $\text{Pa}(\text{N/m}^2)$,如果压差 ΔP 用工程上常用的单位 kgf/m^2,因为 $1\text{kgf}/m^2=9.81\text{Pa}$,代入上式后即得工程上实用流量方程为

$$q_v=3600\times10^{-6}\times\frac{3.14}{4}\times\sqrt{2\times9.81}\times\alpha\varepsilon d_t^2\sqrt{\frac{\Delta P}{\rho}}=0.01252\alpha\varepsilon d_t^2\sqrt{\frac{\Delta P}{\rho}} \quad m^3/h \tag{4-48}$$

$$M=0.01252\alpha\varepsilon d_t^2 \sqrt{\Delta P \cdot \rho} \quad \text{kg/h} \tag{4-49}$$

如果压差 ΔP 以毫米水柱 h_{20} 表示,一般以 20℃ 及 760mmHg 下水的密度为 998.2kg/m³ 计算时,则实用流量方程为

$$q_v=0.01252\sqrt{\frac{998.2}{1000}}\alpha\varepsilon d_t^2\sqrt{\frac{h_{20}}{\rho}}=0.01251\alpha\varepsilon d_t^2\sqrt{\frac{h_{20}}{\rho}} \quad m^3/h \tag{4-50}$$

$$M=0.01251\alpha\varepsilon d_t^2 \sqrt{h_{20}\cdot\rho} \quad \text{kg/h} \tag{4-51}$$

以上三组公式的区别在于压差的单位不同,应用时要注意。

二、节流装置的种类和取压方式

节流装置应用广泛,试验研究的比较充分,其中有一部分已经标准化,称为标准节流装置,如标准孔板、标准喷嘴和标准文丘里管。它们的结构、尺寸和技术条件都有统一标准,有关计算数据都经系统试验而有统一的图表。按统一标准设计制作的标准节流装置,不必经个别标定即可应用。此外,还有一些节流装置如双重孔板、圆缺孔板、端孔板、$\frac{1}{4}$ 圆喷嘴及环形孔板等,由于形状特殊,研究得还不够,缺乏足够的试验数据,故尚未标准化,称为特殊节流装置。这类节流装置在设计制作后,一般须经个别标定后才能应用。各种形式的节流装置示于图 4-30。

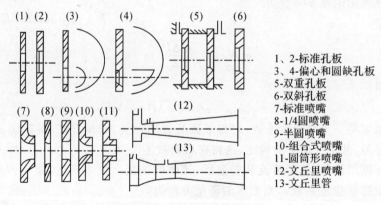

1、2-标准孔板
3、4-偏心和圆缺孔板
5-双重孔板
6-双斜孔板
7-标准喷嘴
8-1/4圆喷嘴
9-半圆喷嘴
10-组合式喷嘴
11-圆筒形喷嘴
12-文丘里喷嘴
13-文丘里管

图 4-30　各种形式的节流装置

节流装置的取压方式有五种如图 4-31 所示。角接取压法的取压孔紧靠孔板的前后端面,如图中 1-1;法兰取压法上下游取压孔中心与孔板前后端面的距离为 24.4mm,如图中 2-2;径距取压法上游取压孔中心与孔板前端面的距离为 $1D$;下游取压孔中心与孔板后端面的距离为 $0.5D$,如图中 3-3;理论取压法的上游取压孔中心与孔板端面的距离为 $1D\pm0.1D$,下游取压孔中心与孔板后端面的距离随 β 值的不同而异,如图 4-4;径距取压法与理论取压法的下游取压点在流束的最小截面区域内,而流束的最小截面是随流量而变的,在

流量测量范围内流量系数不是常数,并且又难于采用起均压作用的环室取压,因而很少采用。管接取压法直接在管道上开孔,上游取压孔距孔板首端面为 $2.5D$,下游取压孔距孔板后端面为 $8D$,如图中 5-5。此法开孔取压十分简单,但它实际测定的是流体流径节流件后的压力损失,故又称损失压降法,由于压差较小,不便于检测,一般也不采用。目前我国广泛采用的是角接取压法,其次是法兰取压法。角接取压法比较简便,又容易实现环室取压,只要雷诺数 Re_D 大于规定的雷诺数界限值 $(Re_D)_K$ 时,流量系数偏差很小,因而测量精度较高。法兰取压法结构较简单,容易装配,计算也方便,但精度较角接取压法低些。

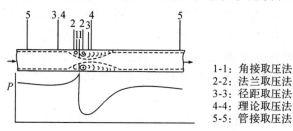

1-1: 角接取压法
2-2: 法兰取压法
3-3: 径距取压法
4-4: 理论取压法
5-5: 管接取压法

图 4-31　节流装置的取压方式

须知节流装置采用的取压方式不同,流量系数是不一样的。后面介绍的角接取压标准孔板的有关图表和数据不能用于其他形式的节流装置,也不能用于采用其他取压方式的孔板。

三、标准孔板

标准孔板的基本结构如图 4-32,它是一个具有与管道轴线同心的圆形开孔、直角入口边缘非常尖锐的薄板,一般用不锈钢制成。尺寸不同的管道所用的孔板是几何相似的,各部尺寸的要求如下。

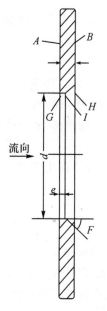

图 4-32　标准孔板

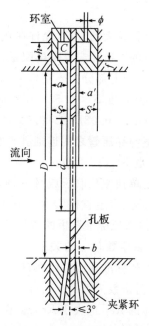

图 4-33　角接取压装置图

孔板的上游端面 A 上任意两点的连线应与其轴垂直,在 A 端面上不允许有明显的伤痕,应有如下光洁度:50mm$\leqslant D \leqslant$500mm 时为∇6,500mm$\leqslant D \leqslant$750mm 时为∇5,750mm$\leqslant D$ $\leqslant$1000mm 时为∇4。孔板的下游端面 B 应与 A 面平行,其光洁度要求可以低一级。孔板的直角入口边缘 G 应十分尖锐,没有毛刺或伤痕。孔板的开孔圆筒形长度 e 的要求是0.005D $\leqslant e \leqslant$0.02D,表面光洁度不低于∇7,出口边缘上应无毛刺、伤痕或明显的损伤。

孔板的厚度 E 要求 $e \leqslant E \leqslant$0.05D,当管道在 50~10mm 内时允许 $E=$3mm。当 $E \geqslant$ 0.02D 时,出口处应有一个向下游侧扩张的光滑锥面,其倾角为 F,一般为 30°~45°之间,表面光洁度要求∇6,开孔的出口边缘 I 及锥面出口边缘 H 应无毛刺、划痕或明显的损伤。

孔板开孔直径 d 的加工公差为:当 $\beta \leqslant$0.67 时,$d \pm$0.01d,当 $\beta \geqslant$0.67 时,$d \pm$0.0005d。

标准孔板有两种取压方式,即角接取压法和法兰取压法。不同取压方式的标准孔板,其使用范围、取压装置的结构和有关的技术要求也是不相同的。

1. 角接取压标准孔板

标准孔板采用角接取压,可以是单独钻孔,也可以用环室,其装置示意如图 4-33。图中下半部分表示单独钻孔取压,孔板下游侧的静压力 P_1 由前夹紧环取出,孔板下游侧的静压力 P_2 由后夹紧环取出,在夹紧环内的取压孔的出口边缘必须与夹紧环的边缘平整,并有不大于取压孔直径 1/10 的倒角,无可见的毛刺或突起;取压孔应为圆筒形,其轴线应尽可能与管道轴线垂直。上下游取压孔的轴线与孔板端面的距离分别为取压孔直径(或取压环隙宽度)的一半,上下游取压孔直径 b 应相等,其大小规定为

$\beta \leqslant$0.65 时,0.005$D \leqslant b \leqslant$0.03D;

$\beta >$0.65 时,0.01 $D \leqslant b \leqslant$0.02D。

无论什么 β 值,取压孔的实际尺寸应大于 1mm 小于 10mm。当用来测量蒸汽或可能析出水汽的气体,或在取压管路中有蒸发液体时,取压孔的实际尺寸应大于 4mm,但也不应超过 10mm。

对于直径较大的管道,允许在孔板上下游侧规定的位置上有几个单独的钻孔为取压孔,但在同一侧的取压孔应等距离配置。

图 4-33 中上部分为环室取压,P_1 由前环室取出,P_2 由后环室取出,前环室长度 $S <$ 0.2D,后环室长度 $S' <$0.5D,环室的开孔直径应与管径一致。环隙的宽度应为:$\beta \leqslant$0.65 时,0.005$D \leqslant a \leqslant$0.03D;$\beta >$0.65 时,0.01 $D \leqslant a \leqslant$0.02D,环隙的实际宽度应在 1~10mm 之间。环室与导压管之间连通孔至少应有 2ϕ 长的等直径圆筒形,ϕ 为连通孔直径,一般不少于 4mm 也不大于 10mm。

无论是单独钻孔取压或环室取压,在夹紧环或环室外圆面上应刻有表示安装方向的(＋)(－)标志、管道直径 D 及开孔直径 d 的尺寸。

2. 角接取压标准孔板的流量系数 α

①α 与雷诺数 Re_D 的关系

角接取压标准孔板可用在直径 D 为 50 至 1000mm 的管道上,β 值在 0.22~0.80 范围内,适用的雷诺数为 $Re_D=$5$\times$10^3~1$\times$10^7,表 4-8 中列出了不同 β 值的最小雷诺数 Re_{Dmin},使用时流体的 Re_D 应大于 Re_{Dmin},在此情况下,由于流量系数变化引起流量的改变与实际值相比$\leqslant \pm$0.5%。

表 4-8　角接取压标准孔板 $Re_{D\min}$

β	$Re_{D\min}$	β	$Re_{D\min}$	β	$Re_{D\min}$
0.220	5.00×10^3	0.425	2.13×10^4	0.625	6.27×10^4
0.250	5.00×10^3	0.450	2.49×10^4	0.650	7.16×10^4
0.275	9.00×10^3	0.475	2.67×10^4	0.675	9.21×10^4
0.300	1.30×10^4	0.500	3.29×10^4	0.700	9.48×10^4
0.325	1.70×10^4	0.525	3.75×10^4	0.725	1.11×10^5
0.350	1.90×10^4	0.550	4.27×10^4	0.750	1.32×10^5
0.375	2.00×10^4	0.575	4.85×10^4	0.775	1.59×10^5
0.400	2.00×10^4	0.600	5.51×10^4	0.800	1.98×10^5

在光滑管道(简称光管)中角接取压标准孔板的光管流量系数 α_0 是随 β 值的增大而增加,随 Re_D 值的增加而减小。光管流量系数 α_0 的经验公式为

$$\alpha_0 = 0.5960513 + 0.5213088\beta^4 + 0.006722261A - 1.766438\beta^8 + 0.04691144\beta^4 A$$
$$- 0.004375047A^2 + 8.88210\beta^{12} + 0.4540664\beta^8 A + 0.2195037\beta^4 A^2 - 19.97926\beta^{16}$$
$$- 1.031439\beta^{12}A - 0.747980\beta^8 A^2 + 17.26484\beta^{20} + 1.590157\beta^{16}A + 0.6168231\beta^{12}A^2$$

$$(4\text{-}52)$$

式中 $A = \left(\dfrac{10^4}{Re_D}\right)^{0.8}$,上式适用于前述 $2\times10^4 \leqslant Re_D \leqslant 10^7$ 范围内各种 β 值。

②管壁粗糙度的影响

实际应用中的管壁并不是光滑的,管壁粗时流量系数为

$$\alpha = \alpha_0 r_{Re} \qquad (4\text{-}53)$$

式中 r_{Re}—管壁粗糙度的修正系数,可按下式计算

$$r_{Re} = (r_0 - 1)\left(\frac{\lg Re_D}{6}\right)^2 + 1 \qquad (4\text{-}54)$$

式中　r_0—管壁粗糙度的修正系数(不考虑雷诺数影响时)。

当 $Re_D \geqslant 10^6$ 时,$r_{Re} = r_0$。管壁绝对平均粗糙度 K 视管道材质不同而异。管壁粗糙度的影响随管径 D 的增大而减小,即决定于 β 值与相对平均粗糙度 D/K。

③流体流束膨胀系数 ε 的影响

流束膨胀系数 ε 可按下列经验公式计算

$$\varepsilon = 1 - (0.3707 + 0.3184\beta^4)\left[1 - \left(\frac{P_2}{P_1}\right)^{\frac{1}{k}}\right]^{0.935} \qquad (4\text{-}55)$$

上式适用于 $P_2/P_1 \geqslant 0.75$,$50\text{mm} \leqslant D \leqslant 1000\text{mm}$,$0.22 \leqslant \beta \leqslant 0.80$ 范围以内,它是根据空气、水蒸气及天然气的试验结果得出的,对于已知等熵指数 k 的其他气体也适用。

2. 法兰取压标准孔板

标准孔板采用法兰取压,其装置示意图如图 4-34,取压孔在法兰内,上下游取压孔的轴线与孔板端面的距离 S 和 S' 分别等于 $25.4\pm0.8\text{mm}$,并且必须垂直于管道的轴线。取压孔直径 $b \leqslant 0.08D$,它的实际尺寸应在 $6\sim12\text{mm}$ 以内。

法兰取压标准孔板可用于管径 $D = 50\sim750\text{mm}$ 和直径比 $\beta = 0.1\sim0.75$ 范围。适用的雷诺数范围是 $Re_D = 8\times10^3 \sim 1\times10^7$。

法兰取压标准孔板的流量系数 α 可有下列经验公式计算,此公式仅适用于管道的相对

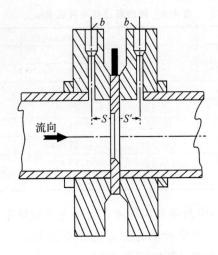

图 4-34　法兰取压装置图

粗糙度 $D/K \geqslant 1000$ 情况。计算中知某项为负数,即该项即为零。

$$\alpha = \alpha'\left(1 + \frac{\beta A}{Re_D}\right) \tag{4-56}$$

式中　$\alpha' = \alpha_e\left(\dfrac{10^6 d}{10^6 d + 381A}\right)$

$\alpha_e = 0.5993 + \dfrac{0.1778}{D} + \left(0.364 + \dfrac{0.3830}{\sqrt{D}}\right)\beta^4 + 0.4 \times \left(1.6 - \dfrac{25.40}{D}\right)^5 \times \left(0.07 + \dfrac{12.70}{D} - \beta\right)^{\frac{5}{2}}$

$\qquad - \left(0.009 + \dfrac{0.8636}{D}\right) \times (0.5 - \beta)^{\frac{3}{2}} + \left(\dfrac{41935}{D^2} + 3\right) \times (\beta - 0.7)^{\frac{5}{2}}$

$A = 0.03937d \times \left(830 - 5000\beta + 9000\beta^2 - 4200\beta^3 + \dfrac{2671}{\sqrt{D}}\right)$

四、标准喷嘴

标准喷嘴是由两个圆弧曲面构成入口的收缩部分及圆筒形光滑喉部所组成的,如图 4-35。不同直径的管道所用的标准喷嘴是几何相似的。标准喷嘴采用直接取压法,单独钻孔或环室取压均可,当 $\beta \leqslant 2/3$ 时,其结构如图中(a),当 $\beta > 2/3$ 时,则如图中(b)。管道上游侧 A 端面的圆心应在管道的轴心线上,端面应光滑平整,其光洁度不低于 $\nabla 6$。喷嘴的下游侧 B 端面应与 A 面平行,光洁度可低一级。

上游侧入口收缩部分 C_1 的第一圆弧曲面的圆弧半径为 r_1 应与 A 面相切,当 $\beta \leqslant 0.5$ 时,$r_1 = 0.2d \pm 0.02d$;当 $\beta > 0.5$ 时,$r_1 = 0.2d \pm 0.006d$。r_1 的圆心距 A 面 $0.2d$,距管道轴线 $0.75d$。入口收缩部分 C_2 的第二圆弧曲面的圆弧半径 r_2 应与第一圆弧曲面 C_1 及圆筒形喉部 e 相切。当 $\beta \leqslant 0.5$ 时,$r_2 = d/3 \pm 0.3d$;当 $\beta > 0.5$ 时,$r_2 = d/3 \pm 0.01d$。r_2 的圆心距 A 面 $0.3041d$,距管道轴线 $5/6d$。C_1 及 C_2 的光洁度要求 $\nabla 7$。

圆筒形喉部长度为 $0.3d$,其出口边缘应十分尖锐,无肉眼可见的毛刺或伤痕,并有无明显的倒角。为了使喷嘴出口不受损伤,喉部出口边缘上有保护槽,保护槽直径至少为 $1.06d$,轴向长度最大为 $0.03d$。当喷嘴出口确无伤害时,保护槽就无必要。保护槽的光洁

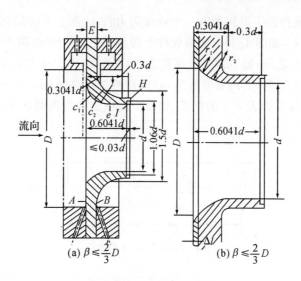

图 4-35　标准喷嘴

度要求▽6。

喷嘴长度除出口保护槽长 H 外,其总长的要求是当 $0.32 \leqslant \beta \leqslant 2/3$ 时,总长为 $0.6041d$;当 $2/3 \leqslant \beta \leqslant 0.80$ 时,总长为 $\left[0.404 + \left(\dfrac{0.75}{\beta} - \dfrac{0.25}{\beta^2} - 0.5225\right)^{\frac{1}{2}}\right]d$。喷嘴喉部直径 d 的公差是:当 $\beta \leqslant 2/3$ 时,$d \pm 0.001d$;当 $\beta > 2/3$ 时,$d \pm 0.0005d$。

喷嘴的厚度 E 不大于 $0.1D$,由 C_1 及 C_2 构成的流通部分的厚度没有规定,但不得遮盖负取压孔的进口。喷嘴外表面的加工无特殊要求,在喷嘴 B 面的边缘部分的外表面上应标明流通方向的(＋)(－)符号、管径 D 及喉部直径 d 等。

标准喷嘴可用于管径 $D = 50 \sim 500\text{mm}$ 和直径比 $\beta = 0.32 \sim 0.80$ 范围内。适用的雷诺数范围为 $\text{Re}_D = 2 \times 10^4 \sim 2 \times 10^6$。

标准喷嘴的光管流量系数 α_0 可用下列经验公式计算

$$
\begin{aligned}
\alpha_0 =\ & 1.108812 - 0.003161310y + 0.01748727y^2 - 0.02230035y^3 + 0.5747221x \\
& + 0.2942948xy + 1.19114xy^2 - 1.854423xy^3 + 1.278744x^2 + 1.404627x^2y \\
& - 2.151058x^2y^2 + 2.432073x^2y^3 + 2.380641x^3 - 0.1859924x^3y \\
& - 15.92588x^3y^2 + 28.57551x^3y^3 + 2.522032x^4 - 4.564954x^4y \\
& - 12.58275x^4y^2 + 30.93130x^4y^3
\end{aligned}
$$

$$(4-57)$$

式中 $y = \dfrac{10^4}{\text{Re}_D}$,$x = \beta^2 - 0.5545$。

五、标准节流装置的安装

前述孔板及喷嘴的流量系数都是流体在节流件上游侧 $1D$ 处的管道截面上形成典型的紊流流束分布状态下取得的,如在节流件上游侧有漩涡或旋转流等不正常返束分布出现,就会引起流量系数的变化。因此,安装节流装置的管段必须满足规定的条件。

1. 节流装置安装管段的一般要求

节流装置的安装,一般情况下包括下列管段与管件:节流件 3 的上游侧有第一及第二个局部阻力件1、2，节流件的下游侧面有一个局部阻力件4，在上下游局部阻力件之间的直管段分别为 l_0、l_1 以及 l_2，如图4-36。如节流件上游侧只有一个局部阻力件2，则节流件应装在两段直圆管 l_1 与 l_2 之间；如有两个局部阻力件，则在第一、二个局部阻力件之间应有一段直管 l_0，直管段必须是圆的，其内壁要清洁，但在直流件上游侧 $10D$ 内的管段内壁相对平均粗糙度的倒数 K/D 应符合表4-9的要求，如超出表中所列范围则认为管道是粗糙的，应按前述方法进行修正。

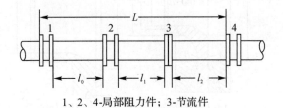

1、2、4-局部阻力件；3-节流件

图4-36　节流装置的安装管段

表4-9　光管相对平均粗糙度的倒数 K/D

β^2		0.063	0.07	0.100	0.15	0.20	0.30	0.40	0.50	0.60	0.64
$\dfrac{K}{D} \cdot 10^4 \leqslant$	孔板	55.0	42.0	20.0	8.7	6.3	4.7	4.2	4.0	3.9	3.9
	喷嘴	—	—	31	12.2	7.7	5.3	4.6	4.2	3.9	3.9

2. 节流件的安装条件

节流件在管道中的安装应保证与管道轴线垂直，其偏斜不超过 $1°$，并应保证与管道同轴，不同心度不得超过 $0.015D(\frac{1}{\beta}-1)$。

夹紧节流件的垫片，包括环室与法兰之间的垫片，其厚度应在 $0.5\sim1.0\pm0.1$ mm，夹紧后的垫片不许突出管道内壁。装好节流件后，其内壁应平整光滑。

对测量精度要求高时，应将上游侧 $8D$ 长的直管段，下游侧 $2D$ 长的直管段和节流件应先组装完善并检验合格后，再用法兰装配到管道上去。凡是新装配的管路系统，都应先将管道吹扫干净后，再装配节流件。

第九节　低温流体质量流量的测量

在上面所述的各类流量计中，只适用于单相流体的流量测量，如果是两相流体（液相＋汽相），由于汽相和液相物理性质不同，流量测量与单相流量有很大的差别，低温流体（液化气体）由于它们的沸点都很低，汽化潜热又很小，很少一点漏热或流体摩擦、加速等都能使低温流体大量气化，以两相流体通过流量计，给流量测量带来困难，解决的办法主要有：

1. 降低被测液体的温度，低温液体都以饱和正常沸点贮存，（或在加压情况下贮存），如果用冷源（低温制冷机，或其他更低冷源）冷却被测流体，使其流体温度降低，以单相流体通过流量装置，这样做，设备较繁，操作也不方便。

2. 要测量低温流体容积流量，如用容积式流量计或流速式、差压式流量计，我们必须知道流体的密度 ρ，在单相流体中，只要知道流体的温度和压力，密度就能确定，对于两相流体,必须要知道总质量流量中汽、液的量和各自的体积,或汽液体积比,在容积式流量计(如涡轮流量计)中了也应该知道容积流量 q_v 中的气相含量,即体积比,质量流量才能最后确定。

对于一个两相流体,如果质量流量已知,那么混合流体密度可表示为

$$\frac{1}{\rho} = \frac{1-y}{\rho_l} + \frac{y}{\rho_g} = \frac{1}{\rho_l} + y\left(\frac{1}{\rho_g} - \frac{1}{\rho_l}\right) \tag{4-58}$$

式中　ρ_l—饱和液体的密度(kg/m³);

　　　ρ_l—饱和蒸汽的密度(kg/m³);

　　　y—气相占混合液体中质量比,$y = m_g/m$。

要测量两相混合流体密度比较难,测量两相混合合流体动态的密度更难,下面介绍应用液体和蒸汽介电常数的差异测量混合流体密度的方法。

表 4-10　低温液体的介电常数(F/m)

低温介质	标准状态下气体	沸点时蒸汽	沸点时液体
O_2	1.000494	1.00156	1.484
N_2	1.000548	1.00208	1.433
H_2	1.000254	1.00387	1.228
He	1.000064	1.00618	1.048

由表 4-10 可见,低温流体在沸点时的蒸汽和饱和液体的介电常数差别还是比较大的,但氦的差别很小,用此法困难大些。

低温流体和密度计结构如图 4-37 所示,测量元件由金属制的圆柱形外管和中心内管组成,中心内管通过绝缘支撑固定在外管的轴线上,内管与外管之间形成的环状截面积等于管线截面积,当流体进入密度计后流体不会产生加速或减速。

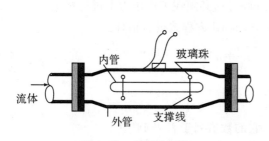

图 4-37　电容密度计

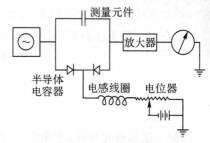

图 4-38　电容密度计测量电路

电容密度计的基本测量电路如图 4-38 所示,其实它是一个电感—电容共振电路,在电路中使用了一个振荡器,在电路中测量元件的电容是可变的,测量电路是使用电位器改变两半导体电容器的电压,使 L-C 回路发生共振,半导体的电容是使用电压的线性函数,电位器的读数用于测量元件电容的指示值,当电感—电容回路达到共振时,可用毫安表指示,测量元件的电容也能用任何准确电容电桥进行测量。

当中心内管足够长时,末端的影响可以忽略,则同心圆柱体电容器的电容为

$$C = \frac{2\pi L \varepsilon \varepsilon_0}{\ln\left(\dfrac{D_0}{D_1}\right)} \tag{4-59}$$

式中　L—圆柱体长；

　　　ε—在环中流体相对介电常数；

　　　ε_0—环中为蒸汽时的电容量，本仪器为 $\varepsilon_0 = 8.854 \times 10^{-12} \mathrm{F/m}$；

　　　D_0—外管内径；

　　　D_1—内管的外径。

两相混合流体的介电常数汽相和液相体积比呈线性关系，可以写成

$$\varepsilon = x\varepsilon_l + (1-x)\varepsilon_g \tag{4-60}$$

或

$$\varepsilon = \varepsilon_l - (1-x)(\varepsilon_l - \varepsilon_g) \tag{4-61}$$

式中　ε_l—饱和液体的介电常数；

　　　ε_g—饱和蒸汽介电常数；

　　　$x : V_l/(V_l + V_g)$，液体体积分数。

从上式(4-61)可求出蒸汽体积分数为

$$(1-x) = (\varepsilon_l - \varepsilon)/(\varepsilon_l - \varepsilon_g) \tag{4-62}$$

两相混合物的密度也可用体积分数来表示

$$\rho = x\rho_l + (1-x)\rho_g = \rho_l - (1-x)(\rho_l - \rho_g) \tag{4-63}$$

蒸汽占总流体的质量分数称为含气系数 y，可表示为：

$$y = \frac{m_g}{m} = \frac{V_g\rho_g}{(V_l + V_g)\rho} = (1-x)\frac{\rho_g}{\rho} \tag{4-64}$$

我们只要测量出两相混合流体通过密度计时的电容 C，可以计算出相对介电常数 ε，进而得到液体所占总流体中体积分数，总的密度即可求。

由于介电常数、饱和液体和饱和蒸汽的密度随压力而有所变化。因此在某一个流体压力下定标，不能正确用于不同流体压力，例如测量液氢流体，在 101.3kPa(1atm)的量值与 709.3kPa(7atm)的量值相差约 5%，对于正确测量，必须在工作压力下进行标定。

如果介电常数无法查到，可从 Ciaulus-Mossottl 方程式进行估计。

$$\frac{M(\varepsilon-1)}{\rho(\varepsilon+2)} = aM \tag{4-65}$$

式中　M—分子量；

　　　ρ—密度；

　　　aM—摩尔极化强度，它决定于物质，它的数值列于表 4-11 中。

表 4-11　非偶极分子极化强度

物质	摩尔极化强度 $aM(\mathrm{m^3/mol})$
氦	0.5173×10^{-6}
氢	2.0880×10^{-6}
氖	1.0254×10^{-6}
氮	4.3800×10^{-6}
氩	4.2070×10^{-6}
氧	3.8780×10^{-6}
甲烷	6.9300×10^{-6}

例 4.1　一台密度计在 20.30K、101.3kPa 情况下(LH$_2$ 正常沸点 20.28K)测得饱和氢

蒸气的电容量 $C_0 = 59.5200PF(\mu\mu F)$，要测量 $T = 25K$，$P = 328.8kPa$ 管内流动的 LH_2 流量。已知密度计长 $600mm$，外管内径 $D_0 = 66.9mm$，内管外径 $D_1 = 38.1mm$，测得 LH_2 的电容量 $C = 66.0PF$，求 LH_2 含气率？

解：在 LH_2 正常沸点 $T = 20.28K$，$P = 101.3kPa$，$\varepsilon = 1.00387F/m$，在 $T = 25K$，$P = 328.8kPa$，LH_2 和 GH_2 饱和密度和介质电常数为

$\rho_l = 70.8$ kg/m^3 $\varepsilon_l = 1.2149$ F/m；

$\rho_g = 1.34$ kg/m^3 $\varepsilon_g = 1.0021$ F/m

（1）先求仪表 ε_0

$$C = \varepsilon\varepsilon_0 F = \frac{2\pi L\varepsilon\varepsilon_0}{\ln\left(\dfrac{D_0}{D_1}\right)}$$

$$\varepsilon_0 = \frac{C\ln\left(\dfrac{D_0}{D_1}\right)}{2\pi L\varepsilon} = \frac{59.52\times10^{-12}\ln\left(\dfrac{66.9}{38.1}\right)}{2\pi\times0.6\times1.00387} = 8.8542\times10^{-12} \quad F/m$$

（2）两相流体介电常数

$$\varepsilon = \frac{C\ln\left(\dfrac{D_0}{D_1}\right)}{2\pi L\varepsilon_0} = \frac{66.0\times10^{-12}\ln\left(\dfrac{66.9}{38.1}\right)}{2\pi\times0.6\times8.8542\times10^{-12}} = 1.1132 \quad F/m$$

（3）蒸气占总流体的体积分数

$(1-x) = (\varepsilon_l - \varepsilon)/(\varepsilon_l - \varepsilon_g) = (1.2149 - 1.1132)/(1.2149 - 1.0021) = 0.4871$

（4）两相 LH_2 的密度

$\rho = \rho_l - (1-x)(\rho_l - \rho_g) = 70.80 - 0.4871\times(70.80 - 1.34) = 31.28kg/m^3$

（5）LH_2 中含气率

$$y = (1-x)\frac{\rho_g}{\rho} = 0.4871\times\frac{1.34}{31.28} = 0.02048$$

由上计算如：LH_2 两相流体中，气体占总 LH_2 的体积为 48.71%，而气氢 GH_2 质量分数（含气率）仅为 2.048%，$1-x$ 与 y 含义不同，数值相差很大。

第十节　流量仪表的标定装置

一、标定中的一般注意事项

为了正确使用流量计，准确地测量流量，必须充分了解该流量计的构造和特性，采用与其相适应的方法进行测量。同时也要注意使用中的维护管理，每隔适当时期标定一次。

标定或校验流量计时，可采用以下两种方法。一是让试验流体流过被标定的流量计，然后用标准表或标准容器测出标准流量，并将该标准流量和流量计的示值进行比较（称为实验校验方法），此方法适用于直接测量方法的流量计。另一方法是测量流量计的构造和各部分尺寸及其他与计算流量有关的量，并检查使用和操作方法是否按规定进行，这样便于保证准确测出流量。这就是间接校验流量计的方法（检查各部分的方法），此方法适用于间接测量

方法的流量计。

通常,在流量计制成以后和使用之前,应在十分稳定的状态下进行严格的校验。在使用以后,要根据使用情况和其他不同条件,每隔一段时间进行一次校验。目前,流量计的制造技术已提高了,如能充分进行维护管理、遵守使用上的注意事项,流量计既可经久耐用,又能得到稳定的测量结果。但是,也要根据需要适时地进行检查和标定。

下述情况可作为检查、标定的期限:

(1)分体清扫流量计时;

(2)使用长时间放置的流量计时;

(3)要进行高精度测量时;

(4)对测量值产生怀疑,认为需要检查标定时。

在对流量计进行标定以前,要充分检查流量计的特性。例如,有些种类的流量计,会受到流体性质的影响。即会受密度、粘度或比热等的影响,还会随着流体状态(温度、压力、流速分布、流动状态等)的不同,流量特性发生变化。使用时会受到这种特性影响的流量计,在流体的性质和状态发生变化时,要进行修正。但是,有的流量计并不能用计算的方法求出修正量。对这种流量计就须采用与被测流体性质相同的,处于同样流动状态的流体进行标定。对那些影响可以用计算出其修正量的流量计,可通过用条件好的流体,处于适当的流动状态下进行试验,并对其试验结果加以适当的修正来校准。

二、标定方法及其装置

(一)液体

标定流量计时,将被标定流量计和能准确测量标准流量的仪器(一般称为基准器或标准器)都连接在管道上,通过被测介质的流体,比较流量计和标准器的测量值,用公式求出误差,在进行这类实际标定时,应该注意以下几点主要事项:

1. 被标定流量计和标准器之间的连接管道部分没有泄漏,管路有分流管和支流管时,要特别注意这些分支管的阀门不能泄漏。在分流管上要并列安装两个阀,在它们中间要安装检漏的排气阀,用它来检测有无泄漏。另外,设计的管路应保证管子的中途没有集气窝。如果管子不可避免地会出现集气窝,就要在适当的地方安装排气阀。

2. 在设计和制作标定装置的时候就应该考虑使试验流体的流量保持一定的问题。而且,为能任意改变试验流量,需要安装调整节流量用的阀。

3. 调节流量用的阀可安装在被标定流量计的下流侧。这样可以防止流入流量计的流体流动过分变化情况和气窝的影响。

4. 注意不要让气泡混到试验流体中。如条件允许,可在被标定流量计的上流侧安装气泡排出装置。

5. 要在1/10℃以内的精度求出流过被标定流量计的试验流体的温度以及标准器处试验流体的温度。另外,要根据被标定流量计的特性,求出试验流体的密度、粘度和温度之间的关系。

标定流量计的方法可按试装置中用的标准器的形式来分,有容器式、称重式、标准体积管式和标准流量计式等。下面概述一下利用这几种方法进行标定的方法。

容器式,这是一种最常用的方式,图 4-39 是具有代表性的一例。用泵从贮液槽中抽出的试验液体通过被标定流量计进入标准容器,该容器刻有能准确地求出体积的刻度。从读数玻璃管的刻度上读出在一定时间内进入标准器的液体的体积,然后将此体积与被标定流量的示值进行比较。

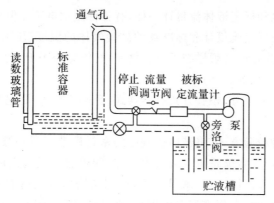

图 4-39　圆筒形容器式流量计的校验装置

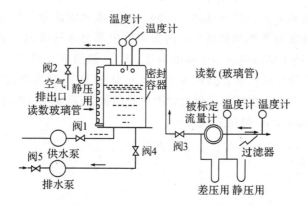

图 4-40　容器式气体流量计校验装置

在这种情况下,有两种方法:一种是边让试验液体以一定流量流入标准槽内,边读出玻璃管的液面上升量,这就是所谓动态标定法;另一种方法是,让一定体积的试验液体流入标准容器,测量从开始流入到停止流入的时间,这就是所谓停止标定法。采用动态法时,要注意容器内下落液柱的高度变化和由于容器内液面的波动而引起的读数玻璃管的读数变动。采用停止法时,尽管是瞬间地开闭停止阀,也要考虑那时的流量变化的影响。因此,试验液体的流过时间要足够长,以消除这种影响。

用容器方法进行标定时,要注意由热膨胀引起的容器容积的变化。所以,在检查容器读数玻璃管的刻度和体积之间关系时,应该知道温度和容器的材料的热膨胀系数。采用高粘度油作为试验液体时,必须注意容器内壁残留的液体量的影响。残留在铅直壁面为 $F(\mathrm{cm^2})$ 的液体量($\mathrm{cm^3}$)可用下式表示:

$$\varepsilon_d = 0.015F\left(v_s\,\frac{\eta}{\rho}\right)^{0.6} \tag{4-66}$$

式中　ρ 为液体的密度,$\mathrm{g/cm^3}$;

η 为液体的密度，(P)；

v_s 为液体面的下降速度，(cm/s)。

(二)气体

标定气体流量计也和标定液体流量计一样，有各种注意事项。但标定气体流量计时，必须特别注意流量流过被标定流量计和标准器的试验气体的温度、压力、湿度。另外，对于试验用的气体的性质，试验之前必须详细了解。例如，气体是否溶于水？由于温度和压力的影响，其性质是否会发生变化等。

按使用的标准器形式来分，校验方式有容器式、音速喷嘴式、肥皂膜试验器式、标准流量计式等。

容器式是这样一种校验方式，将带体积刻度的密封标准容器和被标定流量计用管路连接起来，液体(水或油)以一定流量流入或流出容器，测得流入或流出的液体流量，并与被标定流量计的示值进行比较。图 4-40 就是一例，此例是用水流出的方式。首先关闭阀3、阀4，打开阀1、阀2。用供水泵向标准容器内供水，水供足以后，关闭阀1、阀2，打开阀3、阀4、打开阀1、阀2。用供水泵向标准容器内供水，水供足以后，关闭阀1、阀2，打开阀3、阀4。用排水泵以一定流量将容器内的水排出。用阀5调节流出的流量。按这种操作，从被标定流量计的指示值和标准容器的读数玻璃管的指示值中求出水的流出流量，然后求出被校流量计的误差。但是，还需要对流动的气体的温度、压力、温度加以修正。气体如果符合理想气体定律，令在 t 时间内，以标准容器内流出的水的体积为 V；标准器内的气体温度、压力、水蒸气压力分别 T_s，p_s，p_D；在被标定流量计上测得的值为 T、p、p_D，则通过被标定流量计流过的气体的准确体积流量 q_v 可用下式表示：

$$q_v = \frac{T}{T_s} \cdot \frac{p_s - p_{Ds}}{p - p_D} \cdot \frac{v}{t} \tag{4-67}$$

第五章　低温流体液面的测量

低温液体的液面测量和一般液体的液面测量相似。它是应用液体和它对应的蒸汽的某些物理性质不同而测量的，如密度、导热系数、介电常数、折射率等。一般液面测量常在敞口的大气下进行，但是低温液体由于本身的温度都很低；另外，如氦资源比较缺乏，其液体蒸发后的蒸汽需要回收；液氢和液氧及其气体是一种易燃易炸的气体，不能敞口贮存；液氟、液氯是有毒气体；液态甲烷也是可燃气体；一些稀有气体更是宝贵。因此，实际上低温液体一般都贮存在各类的低温容器中，或大型贮槽中，即使有少数低温液体，如液氮，它是一种不燃不炸的安全气体，但它的沸点低，如敞开贮存要防止空气中的氧溶解而使它的纯度下降，另外空气中的水分也要在敞口中冷凝冻结，使敞口面结冰堵塞，使贮槽内压力上升，一旦压力超过内胆承受强度，会发生开裂或爆炸。

在低温实验室中，常用玻璃杜瓦瓶来存放低温液体，这可以通过不镀银的狭缝（约5～10毫米）来观察液面。如果用灯光在背面照一下，液面会更清楚。为了减少灯光的辐射热，可用单色绿光或蓝光。对于液氦，由于液氦的折射率（相对于空气为 1.02）和气氦的折射率（1.00）相差不大，气液分界不明显，观察时必须小心仔细。

对于金属制作的杜瓦、大型贮槽以及各类液化设备的液面借助液面计来指示液位或将液位转换成电或气的信号，以便远传和控制。

液面计的原理主要利用低温液体和蒸气之间物理性质差异而制造的，测量液面的方法很多，主要有差压法、电阻法、电容法等。在这些液面计中，从类型上又可分为定点液面测量和连续面测量两大类。

第一节　差压式液面计

这种液面测量既简单又实用，是在液化器和大中型固定低温液体贮槽中经常采用的一种低温液面计，最早由汉普逊提出，又称为汉普逊液面计，它利用贮槽中的液体与气体密度不同而形成压力差，这种压力差与液体的高度成正比，故可用来测量液面，其原理如图 5-1 所示。贮液槽用两根低热导率的细管（一般用德银管），一根与贮槽的气相相连，加一根与贮槽的底部相连，然后分别连到差压计的上下管上。

设贮槽中低温液体高度 H，液体密度 ρ，气相压力 P_0，在液槽底部 A 处的压力为 $P = P_0 + \rho g H$，在差压计上，指示液的高度为 h，指示液的密度为 ρ'，当平衡时

$$P_0 + \rho g H = P_0 + \rho' g h$$

$$H = \frac{\rho'}{\rho} h \tag{5-1}$$

在差压计中指示液的高度 h 与贮槽中液体高度 H 成正比。如已知被测液体密度 ρ'，及指示液的高度 h，那么贮槽中液体高度就可以知道。

对于低温液体密度较大的液氩、液氧、液态空气、液氟等低温液体，由于密度较大，指示液可用密度较大的变压器油。压力计下部的"泡"要做得大些，当液面变化时其油面基本不变，对于密度较小的液氮、液氢等低温液体，宜用密度较小的指示液，以提高灵敏度，但同时还应考虑指示液的蒸汽压要小，也可使用倾斜式微压计以提高读数的精度。尽管这样，这种液面计测量的灵敏度还是低的。

使用差压式液面计的一个重要条件是液相管内不能积存液体，否则压力计指示的液体高度不能真正反映贮槽内的液相高度。为了避免液相管内积聚液体，给液相管以一定的热量把液体蒸发掉，通常液相管采用细的铜管，同时把液相管的水平部分适当延长些。或在液相管内插入一段导热率大的紫铜丝，以使液体汽化。

此种液面计的优点是简单，连续指示液面高度，采用不同的指示液，指示液高度所示的液位可大可小，因此可用于不同高度设备的液位指示。缺点是漏热较大，有时气液两细管会冻结，如贮液槽压力过高会使压力计中指示液冲出，所以适用于液化设备、分离设备和低温贮槽等静止设备。

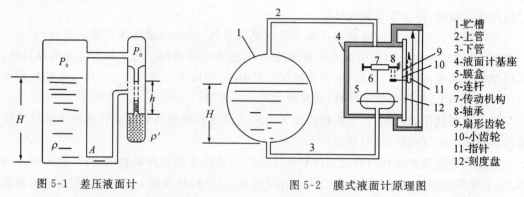

图 5-1　差压液面计　　　　　　　　　图 5-2　膜式液面计原理图

1-贮槽
2-上管
3-下管
4-液面计基座
5-膜盒
6-连杆
7-传动机构
8-轴承
9-扇形齿轮
10-小齿轮
11-指针
12-刻度盘

和普汉逊液面计同一原理的还有"膜式液面计"，如图 5-2 所示。它也是利用液体的差压来指示液面，而用膜式弹簧管指示器代替了液柱差压计。

当贮槽内一个压差作用于薄膜上，使膜盒盖发生弯曲，借助于传动机构传至指针，后者在仪盘上示出了贮槽中的液位高度或转化为重量。

设贮槽的液面高度为 H，严密封闭的液面计基座 4，与上管 2，下管 3 和贮槽上下部相连，薄膜盒 5 内外部压力随液面高度的变化而变化，因而膜盒随内外部压力而形变，槽中液面愈高，则膜盒形变愈大，膜盒上盖以拉杆与轴 7 相连，轴上装有扇形齿轮 9，它和小齿轮 10 啮合，小齿轮轴上装有指针 11，在刻度盘口上示出液面高度。

此种液面计，精度虽然差些，但在运输槽车和大型贮槽中能直接读数。

第二节　电阻式液面计

一个金属丝通以小电流产生的焦耳热而使金属丝的本身温度升高。由于液体的传热系数比蒸汽的传热系数大 1～2 个数量级,所以暴露在蒸汽中的加热丝温度比浸在液体中温度高得多,因此当加热丝离开液体时,对于自然对流它的电阻就增加,通过对加热丝电阻的测量就可决定液位的高度。对于自然对流换热,细丝的传热系数可用下式表示

$$h_c = \frac{2K_t}{D}\ln\left(1 + \varphi N_{Gr} - \frac{1}{4}\right) \tag{5-2}$$

式中 　$\varphi = 3.70 \times (N_{Pr} + 0.952)^{\frac{1}{4}} \cdot N_{Pr}^{-\frac{1}{2}}$;

$N_{Gr} = g\beta_t\rho^2 D^3 \Delta T/\mu^2$ 格鲁晓夫准数;

$N_{Pr} = \mu C_p/K_t$ 普朗特准数;

K_t 热导率;

D—丝直径;

β—热膨胀系数;

ρ—液体密度;

μ—液体粘度;

ΔT—热丝和流体之间温差。对于 1 大气压和 77K 下的气态氮,$K_t^1 = 7.23\text{mW/m} \cdot \text{K}$,$N_{Pr}^1 = 0.811$;同气压下饱和液氮,$K_t = 139.6\text{mW/m} \cdot \text{K}$,$N_{Pr} = 2.32$。对于丝径 $D = 0.25$ mm,$N_{Gr} = 2.0$ 从(5-2)式可以算出传热系数为

$h^1 = 36\text{W/m}^2 \cdot \text{K}$ 气态氮;$h_c = 845\ \text{W/m}^2 \cdot \text{K}$ 液氮

如果热量耗散速率相同。丝和环境蒸汽的温差比浸在液体中大,近似有 $845/36 = 23.5$ 倍。例如,如果浸在 77.4K 液氮温度为 78.0K,对于相同传热速率,则在 77.4K 蒸汽中丝的温度将是 $77.4 + 23.5 \times 0.6 = 91.5\text{K}$。上述范围内丝的电阻变化很容易测量出来。如图5-3所示。

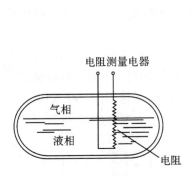

图 5-3　固定式电阻液面计

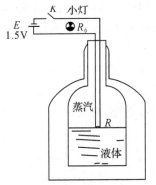

图 5-4　定点式电阻液面计

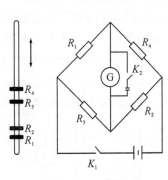

图 5-5 桥式电阻探头

实验室常用定点式电阻液面计如图 5-4 所示,把敏感元件 R(一般采用温度系数大的钨丝)安装在不锈钢管内,形成一个液面计探头。二根引线从不锈钢管内引出,并联一个小灯泡 R_0 和一个 1.5V 干电池相接。合上开关,如探头在液面之上,R 较大 $R \gg R_0$,电流大多通过 R_0,故 R_0 灯泡亮。当探头浸在液体里时 R 变小,电流从 R 处流过较多,R_0 流过较少,灯变暗,根据探头升和降位置和灯的明暗,就能决定液面位置。如果用碳电阻来代替钨线效果会更好,但注意碳电阻有负的温度系数,即温度越高,阻值越小,明暗刚好相反。如果把四个阻值相同的碳电阻做成桥式测量线路,并把电阻外面的绝缘层去掉。它的测量灵敏度会更

高,桥式线路如图 5-5 所示。a)在绝缘杆上安装的四个碳电阻探头,两个在上部(气相里),两个在下端部(浸液相);b)是测量桥路,首先在液氢蒸汽中,调节电阻 R,使桥路输出为 0,然后可用于氦(氢)的液面测量,当在气相调零时,平衡电桥有

$$R_1 R_2 = R_3 R_4 \tag{5-3}$$

当探头浸入液体时,即其中电阻 R_2,或 R_1、R_2 浸入液体,阻值很快变小,电桥不平衡,可从指示计(G)变化来指示,已知插入绝缘杆的深度,那么液位可以确定。

第三节　超导式液面计

利用超导材料的超导——正常转变来指示液面的变化,它也是电阻液面计的一种。超导材料在低于临界温度时,其电阻为零。高于临界温度时又恢复了正常电阻。超导液面计就是根据这个原理做成的。

在超导线上绕上加热电阻线(锰铜线等),在电器中超导线和电阻线串联后接到电源上,如图 5-6 所示。电流通过时,电阻线上产生焦耳热,使超导线升温。也可以在超导线上直接通电流以加热。由于液体和蒸汽传热系数不同,因而线的冷却效果不一样,可以适当地选择线径和电流大小,使液体上面的超导线为正常态,浸在液体里的超导线为超导态,然后测量导线上电压降的变化,就可以确定液面位置。这种液面计必须选择适当的工作电流。使超导线在正常态和超导态上变化,当电阻变化时,阻值有一个跃变。这种液面计灵敏度较高。

对于"探头"的超导材料必须仔细选择,钽的临界温度为 4.2~4.3K,非常接近液氦温度,临界温度过于接近 4.2K,当液体微微波动或氦蒸发较大时,将液体上面部分材料也变成超导态,引起液面测量的误差。另外,钽线的正常电阻随温度变化较大,作连续液面计用时,线的电阻不仅与浸入液氦部分长度有关,也和液面以上温度分布有关,因此,钽线上电压读数不是完全浸入液体中长度决定。

用铅—锡超合金($40 Wt\%\mathrm{pb}$)可以弥补钽线的两个缺点。它的临界温度 4.6K,略高于液氦温度。它的正常电阻随温度变化很小,具体可如下制作:把锰铜线当中的一段绝缘漆刮掉。用烙铁涂上一层薄薄的 Pb-Sn 合金,两头留下一段不涂 Pb-Sn 的锰铜作加热线用。

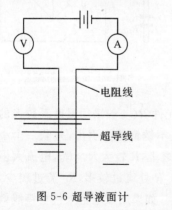

图 5-6 超导液面计　　　　图 5-7 电容器的组成　　　图 5-8 电容式液位计的原理

1内电极;2外电极　　　1内电极;2绝缘套管;3容器

第四节　电容式液面计

一、检测原理

在平行板电容器之间，充以不同介质时，电容量的大小也有所不同；因此，可通过测量电容量的变化来检测液位、料位和两种不同液位的分界面。

图 5-7 是由两同轴圆柱极板 1、2 组成的电容器，在两圆筒间充以介质系数为 ε 的介质时，则两圆筒间的电容量表达式为

$$C=\frac{2\pi L\varepsilon}{\ln\left(\frac{D}{d}\right)} \tag{5-4}$$

式中　L—两极板相互遮盖部分的长度；

　　d、D—圆筒形内电极的外径和外电极的内径；

ε—中间介质的介电系数，$\varepsilon=\varepsilon_0\varepsilon_p$，其中 $\varepsilon_0=8.84\times10^{-12}\mathrm{F/m}$ 为真空（和干空气的近似）介电系数。ε_p 为介质的相对介电系数；水的 $\varepsilon_p=80$，石油的 $\varepsilon_p=2\sim3$，聚四氟乙烯塑料的 $\varepsilon_p=1.8\sim2.2$ 等。

所以，当 D 和 d 一定时，电容量 C 的大小与极板的长度 L 和介质的介电系数 ε 的乘积成正比。这样，将电容传感器（探头）插入被测物料中，电极浸入物料中的深度随物位高低变化，必然引起其电容量的变化，从而可检测出物位。

1）液位的检测

冶金过程测量导电介质液位的电容式液位计原理如图 5-8 所示。直径为 d 的不锈钢或紫铜电极 1，外套聚四氟乙烯料套管或涂以搪瓷作为电介质和绝缘层 2。如果容器 3 是金属的，直径为 D_0，当没有液体时，介电层为空气加塑料或搪瓷，电极覆盖长度为整个 L；当导电液体有流位高度 H 时，导电液体相当于电容的另一极板的一部分，在 H 高度上，作为电容外电极的液体部分的内径为 D，内电极直径为 d。于是，整个电容器的电容量 C 为

$$C=\frac{2\pi H\varepsilon}{\ln\left(\frac{D}{d}\right)}+\frac{2\pi(L-H)\varepsilon_0'}{\ln\left(\frac{D_0}{d}\right)} \tag{5-5}$$

式中　ε—绝缘导管或涂层的介电系数；

　　ε_0'—电极绝缘层和容器内气体共同组成电容的等效介电系数。

当 $H=0$ 时为空容器，上式第二项就成为电极与容器组成的电容器，设电容量为 C_0，则有

$$C_0=\frac{2\pi L\varepsilon_0'}{\ln\left(\frac{D_0}{d}\right)} \tag{5-6}$$

将式(5-5)减式(5-6)，便得对应于液体 H 的电容变化量为

$$C_x=C-C_0=\left[\frac{2\pi\varepsilon}{\ln\left(\frac{D}{d}\right)}-\frac{2\pi\varepsilon_0'}{\ln\left(\frac{D_0}{d}\right)}\right]H$$

如果 $D_0 \gg d$，而 $\varepsilon_0' < \varepsilon$，则 $\dfrac{2\pi\varepsilon_0'}{\ln\left(\dfrac{D_0}{d}\right)}$ 可以忽略，于是

$$C_x = \frac{2\pi\varepsilon}{\ln\left(\dfrac{D}{d}\right)} H = K_i H \tag{5-7}$$

式中　K_i—仪表的灵敏度。

在实际应用中，D、d 及 ε 是基本不变的，故测电容的变化可知道减位的高低。当 ε 愈大，D 与 d 愈接近时，则 K_i 愈大，仪表灵敏度愈高。如果 ε 及 ε_0' 发生变化，会使仪表测量结果产生附加误差。

2) 料位的检测

用电容法测量固体块状、颗粒体及粉料的料位，由于固体摩擦较大，容易"滞留"，所以一般不用双层电极。可用电极棒及容器壁组成的两极来测量非导电固体的料位；或在电极外套以绝缘套管测量导电固体的料位，这时电容的两极由物料及绝缘套中的电极组成。

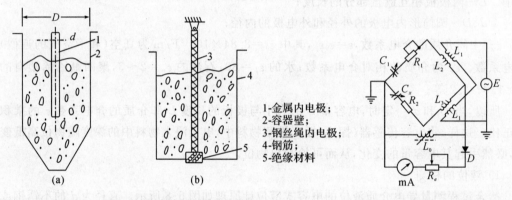

1-金属内电极；
2-容器壁；
3-钢丝绳内电极；
4-钢筋；
5-绝缘材料

图 5-9　电容式料面计的原理　　　　图 5-10　交流电桥测量电容法

图 5-9(a) 所示为用金属电极棒插入容器来测量料位，它的电容量变化与料位升降的关系为

$$C_x = \frac{2\pi(\varepsilon - \varepsilon_0)}{\ln\left(\dfrac{D}{d}\right)} H \tag{5-8}$$

式中　D、d—分别为容器的内径和电极的外径；

　　　ε、ε_0—分别为物料的介电系数和空气的介电系数。

对于钢筋水泥料仓中的料位测量，也可如图 5-9(b) 所示，用钢丝绳及仓库钢筋分别做成电容的两极，以测量非导电物料的料位，钢丝绳对地及钢筋用绝缘材料加以绝缘。

二、检测电容量的方法

1) 交流电桥

电容传感器的电容量变化不大，通常几个到几百皮法拉，要准确测定比较困难。最简单的方法是采用交流电桥，其原理线路如图 5-10，高频振荡电源 E 经电感 L_1 耦合到由 L_2、L_3、C_1 及 C_x 组成的高频电感电容电桥，C_x 就是电容传感器的电容量，随物位不同而变。C_1

是参比臂中的可调电容器，用以调整电桥的相位平衡，R_1 则用来调整电桥的电阻平衡，R_e 调整电桥的测量范围，扼流圈 L_0 有高频滤波性能。当液位一定，电容 C_x 无变化时，电桥处于平衡状态。当 C_x 因液位不同发生变化时，电桥的平衡被破坏，不平衡电流经二极管整流后，在毫安表中显示其液位。这种方法虽然简单，使用调整也较方便，但受到连接导线或电缆分布电容的影响，因而测量精度不高，线性也不好。

2）充放电法

此法以可以大大减少连接导线或电缆分布电容的影响，干扰也较小，其测量如图 5-11。由晶体（石英晶体）管振荡器产生不同频率的稳定方波电源，经分频器选出某一固定频率的方法，经多芯屏蔽电缆送给前置放大器。液位传感器把液位的变化变为电容 C_x 的变化。前置放大器利用充放电原理把电容的变化转变为直流电流 I_t，I_t 与调零单元送来的调零电流 I_p 进行比较，再经直流放大器放大后，送给显示记录仪以指示记录液位的高低。

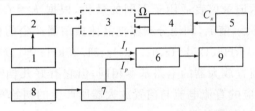

图 5-11 充放电法测量电容原理方框图

充放电法是在前置放大器中完成的，前置放大器由反相器、功率放大器及二极管环形桥路组成，其原理线路如图 5-12。由分频器经多芯电缆送到前置放大器的方波电源，经集成电路反相器 M，消除由于长距离传输线造成的脉冲畸变，将方波整形后送入功率放大器（$BG_1 \sim BG_4$）放大到足够的功率后，经稳压管 D_5 和 D_6 限幅，保持方波的幅值稳定，再经 C_6 送给二极管环形桥路。电桥的 B 点经 C_8 与电容传感器 C_x 连接，D 点经 C_{10} 接地。当经 C_6 进入桥路的方波由 E_1 跃变到 E_2 时，电流经 D_1 向 C_x 充电，经 C_7 及 D_3 向 C_{10} 充电。由于 C_7 及 C_8 的电容量远比 C_x 大，其容抗极小，故 C 点的电位将高于 B 点的电位，二极管 D_2 就被反向偏置，由 C 点流经 L_2 输出的充电电流 I_c 为

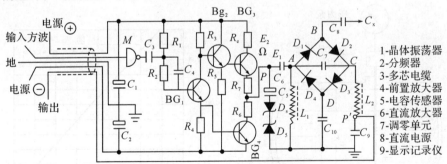

图 5-12 充放电法前置放大器原理电路

$$I_c = (E_2 - E_1)fC_7 - (E_2 - E_1)fC_{10}$$

当输入方波由 E_2 跃跌为 E_1 时，C_{10} 的充电电流径 D_4 放电，C_x 经 D_2 及 C_7 放电，二极管 D_3 被反向偏置，自 C 点流经 L_2 输出的放电电流 I_r 为

$$I_r = (E_2 - E_1)fC_x - (E_2 - E_1)fC_7$$

充、放电时流过 L_2 总的平均直流电流为充、放电流之和，即

$$I_t = I_c + I_r = (E_2 - E_1)f(C_x - C_{10}) = fA\Delta C_x \tag{5-9}$$

式中　　f—方波频率；

　　　　A—方波幅值。

由于频率与幅值稳定不变，上式可简化为

$$I_t = K\Delta C_x \tag{5-10}$$

上式表明环形桥路输出电流 I_t 只决定于液位引起电容传感器的电容变化量 ΔC_x。这样就将传感器电容量的变化转变成电流的变化了。前置放大器安装在电容传感器附近，传输导线或电缆分布电容的影响大大减低，干扰也较小。

因为仪表的被测对象、量程、介电系数及安装位置不同，相应于满量程的电容变化量可能相差很大。为了使显示记录仪表适用于不同的量程，根据 $I_t = fA\Delta C_x$，利用改变 f 来使不同的 ΔC_x 有相同的表头示值 I_t，利用分频器把晶体振荡器产生的稳定高频方波分成方波频率 1MHz、500 kHz、250 kHz、125kHz、62.5kHz、31.25kHz 等，以粗调仪表的刻度。

调零单元的电路的前置放大器的电路基本相同，但它有好几档零点粗调电容和可变微调电容，调零单元输出相应的直流电流与前置放大器所产生的初始零点电流相抵消，使直流放大器输出为零，从而达到调零的目的。

第五节　热力学液面计

热力学液面计的原理是当液体蒸发的时候，其体积发生很大的变化，从而产生压力的变化，热力学液面计如图 5-13 所示，探测杆由薄壁毛细管制作，其内有一个用小电流加热的电热丝，毛细管与处于室温贮气室（容积为 V_0）相连，内充以被测液体相同的气体，如液面计内充以氢气能测量液氢的液面，当毛细管浸低温液体里被浸部分将冷凝过程中气体体积的变化则导致毛细和室温贮气室内压力的变化，室温贮气室的压力可以作液面的指示。

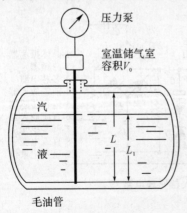

图 5-13　热力学液面计

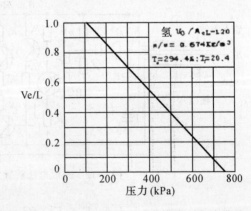

图 5-14　热力液面计对液氢典型的标定曲线

研究液面计中压力和液面之间的关系，在液面计内气体的质量保持不变，气体的总质量

m 应该是毛细管中液体质量 m_1 和毛细管内蒸汽质量 m_g 以及在室温贮气中气体质量 m_0 之和。

$$m = m_1 + m_g + m_0 = \rho_1 V_1 + \rho_g V_g + \rho_0 V_0 \qquad (5\text{-}11)$$

式中 ρ —密度；

　　　V —容积；

　　　若毛细管为均匀圆管，其横截面 A_0，则上式可写成

$$m = \rho_1 A_0 L_1 + \rho_g A_0 L_g + \rho_0 V_0 \qquad (5\text{-}12)$$

或

$$m = A_0 [(\rho_1 - \rho_g) L_1 + \rho_g L] + \rho_0 V_0$$

式中 $L = L_l + L_g$ = 毛细管总长，L_l 为液面高度，对 L_l 求解得

$$\frac{L_l}{L} = \frac{(m - \rho_0 V_0)/A_0 L + \rho_g}{\rho_1 - \rho_g} \qquad (5\text{-}13)$$

　　　式(5-13)中密度可以由液面计指示的压力 P 来确定，设室温贮气室温度为 T_0，在毛细管中液体温度 T_1，蒸汽温度 T_g，对于液相处汽相状态方程式可表示为

$$P = Z\rho RT \qquad (5\text{-}14)$$

　　　式中 Z 为超压缩性系数，它是流体压力和温度的函数。对于液氢和液氮超压缩性系数如表 5.1 和表 5.2 所示，对于气体一般化超压缩性系列表 5.3 中。

表 5.1　液氢 $Z = PV/RT$ 超压缩系数 Z

温度(K)	饱和液体	压　力							
		10	20	30	40	60	80	100	120
16	0.004107	0.2022	0.3999	0.5941	0.7851	1.1590			
17	0.006332	0.1923	0.3798	0.5637	0.7444	1.0970	1.4440	1.7870	
18	0.008451	0.1835	0.3624	0.5370	0.7087	1.0440	1.3710	1.6950	2.002
19	0.012056	0.1760	0.3471	0.5140	0.6773	0.9960	1.3060	1.6120	1.906
20	0.015290	0.1693	0.3337	0.4936	0.6493	0.9542	1.2500	1.5390	1.821
21	0.020320	0.1636	0.3218	0.4756	0.6256	0.9168	1.1990	1.4740	1.740
22	0.025330	0.1587	0.3113	0.4595	0.6036	0.8838	1.1540	1.4160	1.676
23	0.031000	0.1545	0.3023	0.4456	0.5850	0.8552	1.1140	1.3660	1.615
24	0.039360	0.1510	0.2944	0.4332	0.5685	0.8290	1.0790	1.3210	1.559
25	0.049180	0.1480	0.2880	0.4229	0.5538	0.8052	1.0460	1.2800	1.509
26	0.058470	0.1457	0.2828	0.4137	0.5403	0.7841	1.0170	1.2430	1.464
27	0.071010	0.1440	0.2782	0.4057	0.5286	0.7645	0.9908	1.2100	1.421
28	0.084420	0.1431	0.2744	0.3988	0.5188	0.7471	0.9666	1.1790	1.382
29	0.104200	0.1437	0.2718	0.3932	0.5095	0.7317	0.9450	1.1510	1.347
30	0.120800	0.1456	0.2708	0.3890	0.5026	0.7185	0.9255	1.1240	1.316
31	0.140700	0.1498	0.2712	0.3864	0.4969	0.7069	0.9076	1.1010	1.287
32	0.179900	0.1498	0.2732	0.3848	0.4919	0.6965	0.8912	1.0790	1.261
33	⋯	⋯	0.2781	0.3845	0.4876	0.6869	0.8757	1.0580	1.235
34	⋯	⋯	0.2929	0.3897	0.4890	0.6803	0.8640	1.0413	1.215
35	⋯	⋯	0.3157	0.3954	0.4891	0.6746	0.8522	1.0256	1.195
36	⋯	⋯	0.3627	0.4052	0.4052	0.4915	0.6703	0.8425	1.177

表 5.2 液氮 $Z=PV/RT$ 超压缩系数 Z

温度（K）	饱和液体	压　力				
		5	10	20	40	60
70	0.002206	0.05290	0.05793	0.11562	0.23027	0.34403
75	0.004173	0.02779	0.05551	0.11073	0.22035	0.32894
80	0.007241	0.02681	0.05352	0.10671	0.21214	0.31639
85	0.011743	0.02602	0.05193	0.10346	0.20541	0.30600
90	0.018066	0.02542	0.05071	0.10092	0.20001	0.29751
95	0.026640	…	0.04985	0.09908	0.19588	0.29080
100	0.038003	…	0.04941	0.09798	0.19304	0.28579
105	0.052869	…	…	0.09777	0.19159	0.28254
110	0.072282	…	…	0.09883	0.19184	0.28124
115	0.098078	…	…	0.10219	0.19448	0.28232
120	0.134410	…	…	…	0.20122	0.28659

表 5.3 气体的超压缩系数 $Z=PV/RT$，$Pr=P/P_c$，$Tr=T/T_c$，P_c-临界压力，T_c-临界温度

Tr	Pr											
	0.1	0.2	0.3	0.4	0.5	0.6	0.7	0.8	0.9	1.0	1.5	2.0
Sat·Vap	0.898	0.833	0.783	0.738	0.693	0.691	0.583	0.519	0.443	0.270		
0.80	0.921	…	…	…	…	…	…	…	…	0.145	0.215	0.284
0.85	0.933	0.861	0.789	…	…	…	…	…	…	0.146	0.216	0.283
0.90	0.947	0.890	0.826	0.764	…	…	…	…	…	0.148	0.217	0.283
0.92	0.951	0.901	0.842	0.783	0.710	…	…	…	…	0.151	0.219	0.284
0.94	0.955	0.909	0.856	0.798	0.735	0.660	…	…	…	0.155	0.223	0.287
0.96	0.958	0.915	0.868	0.817	0.761	0.700	0.613	…	…	0.161	0.230	0.291
0.98	0.962	0.922	0.879	0.832	0.782	0.731	0.665	0.580	…	0.174	0.241	0.298
1.00	0.965	0.927	0.889	0.846	0.801	0.755	0.704	0.640	0.520	0.270	0.247	0.306
1.05	0.971	0.940	0.908	0.873	0.838	0.802	0.766	0.723	0.670	0.611	0.332	0.341
1.10	0.976	0.950	0.932	0.894	0.866	0.837	0.805	0.733	0.738	0.700	0.496	0.400
1.20	0.983	0.965	0.946	0.924	0.915	0.905	0.862	0.840	0.818	0.795	0.682	0.573
1.40	0.990	0.982	0.972	0.959	0.949	0.937	0.928	0.921	0.912	0.899	0.846	0.801
1.60	0.992	0.988	0.985	0.978	0.973	0.965	0.964	0.960	0.955	0.948	0.919	0.888
1.80	0.993	0.991	0.990	0.987	0.985	0.982	0.981	0.980	0.978	0.974	0.956	0.935
2.0	0.994	0.994	0.994	0.994	0.993	0.992	0.992	0.990	0.990	0.988	0.976	0.966
3.0	1.000	1.000	1.000	1.000	1.000	1.000	1.000	1.000	1.000	1.000	0.999	0.986
4.0	1.000	1.000	1.000	1.000	1.000	1.000	1.000	1.000	1.000	1.000	1.000	0.990
6.0	1.000	1.000	1.000	1.000	1.000	1.000	1.000	1.000	1.000	1.000	1.004	0.995
8.0	1.000	1.000	1.000	1.000	1.000	1.000	1.000	1.000	1.000	1.000	1.008	0.998
10.0	1.000	1.000	1.000	1.000	1.000	1.000	1.000	1.000	1.000	1.000	1.010	1.000
15.0	1.000	1.000	1.000	1.000	1.000	1.000	1.000	1.000	1.000	1.000	1.020	1.020

用式（5-14）代入到式（5-13），可以得到用液面计压力表示液面的方程式

$$\frac{L_l}{L}=\frac{\dfrac{mRT_1}{A_0LP}-\left(V_0-\dfrac{T_1}{Z_0T_0A_0L}\right)-\dfrac{T_1}{Z_gT_g}}{\dfrac{1}{Z_1}-\dfrac{T_1}{Z_gT_g}} \tag{5-15}$$

对于贮槽中给定压力下的流体的温度 T_1 是已知，m、R、A_0、L，这些量由液面计设计决定，因此也是知道，死体积中温度可以为与大气温度相同，只要测量液面计中压力，超压缩性系数可以决定。液面可以通过计算得到，对于液氢的标定曲线如图 5-14。

当液面计处于温度 T_0；也就是说死体积和毛细管温度都为 T_0，此时表内压力为 P_0，应用(5-14)式，此时表内气体的总量 m 可以决定。

$$m=\frac{P_0 V_0}{Z_0' R T_0}\left(1+\frac{A_0 L}{V_0}\right) \tag{5-16}$$

充气压力必须有如下的选择，在液面计工作期间，表内的压力不能低于贮槽内液体沸点对应的饱和压力，否则毛细管气体不能冷凝，液面计不能正常工作。

因为超压缩性系数决定于表内的压力，不能以简单的分析式表示，因此它的灵敏度也不能以简单方程式表示，然而，如果减少死体积与毛细管容积的比值 $V_0 A_L$，灵敏度可以提高，另外，表内压力也不能超过工作时表内气体临界压力，否则气体在毛细管内不会冷凝。

第六节　其他低温流体液面测量方法

对于低温流体的液面测量还有其他简单方法。

1. 重量法

如果已知低温杜瓦的结构及内杜瓦的尺寸，对于容量较小的低温容器(100 升以下)可以用称重的办法来决定容器中存留的液体量，已知内胆的尺寸，液面高度不难确定。

对于大型贮槽，用重力应变仪代替磅秤，同样能决定贮槽中的液体位置。然而，由于氢、氦的密度较小，在称重中会产生一定的误差。

2. 浮力法

同样适用于低温液体的液面测量，由于低温液体密度小，温度低，对浮球要严格选择，一般采用薄壁不锈钢管充以液化温度比被测液体更低的气体，如测量液氢，充以氦气，也可密闭泡沫塑料作浮子。

3. 热传导法

对敞口杜瓦容器中的液氮液面测量，常可用一根导热较差的塑料杆(如塑料焊条)插入颈管内，由于液体的热导率大于气体热导率，浸在液体中的塑料杆温度很快降低，而在汽相中杆子温度下降不多，使杆在液体和气体中温度不同，等几分钟把杆子暴露在空气中，由于杆子的温度较低，空气中水汽在杆子上冷凝结霜并有明显的分界面，浸在液体中的杆子霜层厚，而未浸入液体中的杆子霜层很薄甚至无霜，由此可非常直观和方便地决定液面的高度，不是敞口的低温容器，此法不能应用。

4. 喷液法

对于敞口低温容器用一根不锈钢管(或铜管)慢慢从杜瓦颈管往下移，当管口接触液体时马上使接触液体气化，汽化的气体夹带一部分小滴液体从管内快速喷出，当管子往上提时，喷液停止，往下浸入液面，喷液又发生，非常灵敏，只要金属管下端温度比液体沸点高，喷液不会停止，由此可以决定液面位置。

附录 A1

预冷型液氦温区高频脉管制冷机冷端
制冷温度和制冷量的误差分析

一、脉管制冷机简介

1963 年美国的 Gifford 和 Longsworth 发明了脉管制冷机,它利用高压气体的绝热放气过程来获得冷效应,当将室温下的气体充入一根一端封闭的管子时,管内气体压力就会升高,沿管子方向出现温度梯度。这是由于高压气全层流地充入管子时,管中原来的气体被压缩至管子封闭端。若把该部分的气体的压缩过程看作等熵过程,则它的温度将升高到 $T_2 = T_1(\frac{P_2}{P_1})^{\frac{k-1}{k}}$,而管子进气端的气体仍是室温,由此沿管长方向形成了温度梯度。显然,气体与壁面间的热交换越小时,温度梯度就越大。整个管内处于高压,若使管内气体冷却,然后使其绝热放气,气体膨胀后便可获得低温。脉管制冷机就是利用层流充气和绝热放气过程相结合来获得冷量。

与其他机械式制冷机(如 GM 制冷机、Stirling 制冷机等)相比,脉管制冷机由于在冷端没有运动部件,从而具有长寿命的优势。脉管制冷机按照驱动源的不同可以分为 GM 型脉管制冷机和 Stirling 型脉管制冷机,他们的结构如图 A1-1 所示。

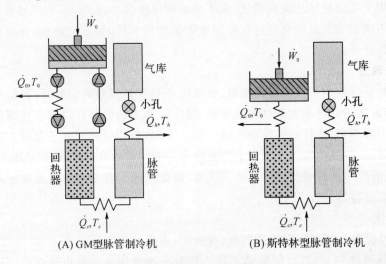

(A) GM 型脉管制冷机　　　　　(B) 斯特林型脉管制冷机

图 A1-1　脉管制冷机结构示意图

GM 型脉管制冷机由带有高低压切换阀的氦压缩机驱动,运行频率一般为 1-2Hz,所以一般也称为低频脉管制冷机。目前采用两级结构的 GM 型脉管制冷机可以实现的最低温度已低于 2K，虽然 GM 型脉管制冷机制冷温度低，但是它体积大、质量重、温度波动大以及需要定期更换油吸附器，无法满足航天及国防军事领域对可靠性重量体积等方面的要求。

Stirling 型脉管制冷机采用线性压缩机（无阀）作为驱动源，工作频率一般为 30～60Hz，一般称作高频脉管制冷机。相比于 GM 型脉管制冷机，线性压缩机电功转化为 pV 功的效率较高（可达 80％左右，而低频压缩机的转化效率一般在 30％左右），具有潜在的高效性；并且线性压缩机由于采用弹性轴承或气体轴承消除了机械摩擦，具有较长的使用寿命；同时，脉管制冷机在冷端没有运动部件，具有长寿命的优势；此外，由于运行频率较高，斯特林型脉管制冷机还具有体积小、重量轻等优点，因此斯特林型脉管制冷技术是适合空间应用的理想机型，是近年来的研究热点和难点。

二、预冷型液氦温区高频脉管制冷机简介

为研究高频脉管制冷机在液氦温区的制冷特性，基于浙江大学制冷与低温研究所在脉管制冷机方面近 20 年的研究成果，设计制造了一台预冷型液氦温区高频脉管制冷机，其结构和测量系统如图 A1-2 所示。它采用一台两级液氦温区低频脉管制冷机为一台单级高频脉管制冷机提供预冷，通过调节两级低频脉管制冷机的制冷温度来改变预冷温区，从而研究高频脉管制冷机在液氦温区的制冷特性。在整个试验系统中共布置 13 个温度计，其中较高温区使用 PT100 型铂电阻温度计，低频脉管制冷机的一、二级冷端、高频脉管制冷机的预冷端和气库均使用铑铁温度计，高频脉管制冷机的冷端使用 Cernox 温度计。试验中主要测量高频脉管制冷机的最低制冷温度（即图中 T4）和第一级和第二级处的制冷量，制冷量的测量方式为热平衡法。

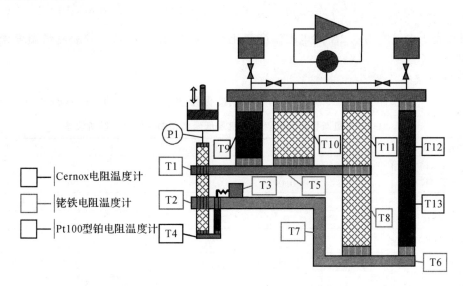

图 A1-2　预冷型液氦温区高频脉管制冷机结构及测量系统示意图

三、预冷型液氦温区高频脉管制冷机冷端制冷温度测量误差分析

温度测量误差主要包括温度计经标定后的测量误差、仪表误差以及随机误差,分别用 σ_1、σ_2、σ_3 表示。本节将对高频脉管制冷机冷端达到的最低无负荷制冷温度(4.2K)时为例,分析温度测量误差。

1. 经标定后的测量误差

高频脉管制冷机冷端所采用的温度计为 Lakeshore 公司生产的碳电阻 Cernox 温度计(型号 CX-1010),碳电阻温度计的标定误差如表 A-1 所示。由表 A-1 可见,当冷端达到最低无负荷制冷温度 4.2K 时,碳电阻温度计的标定误差 $\sigma_1 = \pm 5$mK。

表 A-1　碳电阻温度计的标定误差

测量温度(K)	1.4	4.2	10	77	300
经标定后测量误差(mK)	±5	±5	±6	±16	±40
电阻随温度变化率(Ω/K)	−32.209	−8.063	−3.057	−0.510	−0.065

2. 仪表误差

当温度为 4.2K 时,电压表读数 220.75mV,精度 ±0.0030%,则电压测量引起的系统误差为:

$$\sigma_U = 220.75 \times 0.003\% = 6.6225 \times 10^{-3} (\text{mV}) \tag{A1-1}$$

电流表读数 10μA,精度 ±0.01%,则电流测量引起的系统误差为:

$$\sigma_I = 10 \times 10^{-3} \times 0.01\% = 1 \times 10^{-6} (\text{mA}) \tag{A1-2}$$

电阻误差为 $R = U/I$,所以:

$$\sigma_\Omega = \sqrt{\sum_{i=1}^{n}\left(\frac{\partial f}{\partial x_i}\right)^2} = \sqrt{\left(\frac{1}{I}\right)^2 \times \sigma_U^2 + \left(\frac{U}{I^2}\right)^2 \times \sigma_I^2} = 2.208 \times 10^{-2}\,\Omega \tag{A1-3}$$

根据表 1 中温度为 4.2K 时电阻温度变化率可以得出 σ_Ω 对应的仪表测量温度误差 σ_2 为 0.6857mK。

3. 随机误差

对斯特林型脉管制冷机冷头最低无负荷制冷温度进行 10 次测量,具体温度值见下表。

表 A1-2　测量斯特林型脉管制冷机最低无负荷制冷温度的随机误差

测量次数	1	2	3	4	5	6
温度 T_j(K)	4.21	4.21	4.21	4.22	4.22	4.22
偏差 T_j'(K)	−0.008	−0.008	−0.08	0.002	0.002	0.002
$T_j'^2$(K²)	6.4×10^{-5}	6.4×10^{-5}	6.4×10^{-5}	4×10^{-6}	4×10^{-6}	4×10^{-6}
测量次数	7	8	9	10		
温度 T(K)	4.23	4.22	4.22	4.22	$\bar{T} = \sum T_j/n = 4.218$	
偏差 T_j'(K)	0.012	0.002	0.002	0.002	$T_j' = T_j - \bar{T}$	
$T_j'^2$(K²)	1.44×10^{-4}	4×10^{-6}	4×10^{-6}	4×10^{-6}	$\sum T_j'^2 = 3.6 \times 10^{-4}$	

根据上表给出的计算值和标准误差的关系式,可以得到:

$$\hat{\sigma} = \sqrt{\frac{\sum T_i'^2}{(n-1)}} = \sqrt{\frac{3.6 \times 10^{-4}}{9}} = 6.325 (\text{mK}) \tag{A1-4}$$

算术平均值的标准误差为：

$$S = \frac{\hat{\sigma}}{\sqrt{n}} = \frac{6.325 \times 10^{-3}}{\sqrt{10}} = 2.000(\text{mK}) \tag{A1-5}$$

由随机误差极限差与标准误差的关系可以得到：

$$\sigma_3 = \pm 3S = \pm 6.000 \quad (\text{mK}) \tag{A1-6}$$

则测温系统综合误差的极限值为

$$\sigma_{\mathrm{T}} = \pm \sum_{j=1}^{3} |\sigma_j| = \pm (5 + 0.6857 + 6) = \pm 11.686(\text{mK}) \tag{A1-7}$$

四、预冷型液氦温区高频脉管制冷机冷端预冷量的测量误差分析

在实验过程中，通过在两级 G-M 型脉管制冷机的冷头安装加热丝以改变高频脉管制冷机的预冷温度。加热功率通过直流电源供应器提供，面板显示加热电流和电压，通过计算两者乘积即可以得到加热功率。实验中最高的第二级预冷温度为 15.02K，此时加热功率最大，针对这一情形计算加热功率的测量误差。

当第二级预冷温度为 15.02K 时，加热功率对应的电压和电流读数分别为：7.26V 和 0.518A。测量的功率 $P = U \cdot I = 3.761\text{W}$

电压精度为 $\pm 1\%$，则电压测量引起系统误差为：

$$\sigma'_U = 7.26 \times 1\% = 0.07260(\text{V}) \tag{A1-8}$$

电流读数 0.518A，指示精度 $\pm 2\%$，则电流测量引起系统误差为：

$$\sigma'_I = 0.518 \times 2\% = 0.01036(\text{A}) \tag{A1-9}$$

功率为 $P = U \cdot I$，所以功率误差为：

$$\sigma_P = \sqrt{\sum_{i=1}^{n} \left(\frac{\partial f}{\partial x_i}\right)^2} = \sqrt{I^2 \times \sigma_U^2 + U^2 \times \sigma_I^2} = 0.08400\text{W} \tag{A1-10}$$

即当第二级预冷温度为 15.02K 时，我们的加热量为 $3.761 \pm 0.08400\text{W}$。

附录 A2

铝(合金)RRR 值测量随机误差分析

一、测量目的

测量室温下(300K 左右)和低温(12K 以下)一铝条样本的电阻值。铝条的截面为2.5 mm×2.5mm 的正方形,长度为 25cm,在室温下电阻的理论计算值是 1～3mΩ,通过实验方法测量它们在室温和低温下的电阻值。

二、测量方法

1. 基本原理

RRR(剩余电阻比,Ratio of residual resistive)为室温下电阻率 $\rho(300K)$ 与低温下电阻率(一般<15K) $\rho(<15K)$ 之比。如果样本几何尺寸不变,由 $R=\rho L/A$,其中 R 为电阻,L 为长度,A 为横截面积,RRR 也为室温下电阻与低温下电阻之比。本实验测量电阻用的基本原理是欧姆定律,即 $R=U/I$,U 为电压,I 为电流,通过给铝条样本两端通上恒定电流(10mA),然后测量铝条两端的电压值。

2. 实验仪器

实验中所用的通恒定电流的仪表是美国产的 Lakeshore 120 Current source,由它提供 10mA 的恒流,精度 5 位半;电压表是美国产的 Keithley 2182 Nanovoltmeter 可测量纳伏级电压的纳伏表,精度为 6 位半。

3. 测量引线的连接

由于在铝条上无法采用锡焊,测量中在铝条的两端分别打了一个螺纹孔(M2),然后分别拧上 M2 的不锈钢螺栓,电流引线和电压引线就分别焊接到不锈钢螺栓的下端和上端,具体结构如图 A2-1 所示。

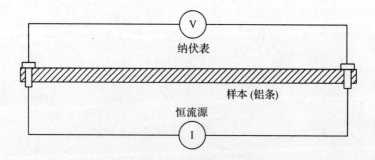

图 A2-1　铝条样本测量引线连接示意图

4. 接触热电势和电势零点飘逸的消除

由 Peltier 效应可知,不同材料接触将带来接触电势,另外,还存在仪表的零点飘逸,相对于微小的样本电阻,这些电势造成的影响是巨大的。因此,为了消除接触电势及零点飘逸造成的影响,在测量时向样本分别通上相反方向的电流,得到一正一负的两个电压值,再把这两个值相减后除以 2 倍电流值,这样就得到了消除了接触电势及零点飘逸后的正确电阻值。

5. 低温环境的实现

为了能在低温(12K 以下)下测量电阻的阻值,我们用一台单级 GM 型脉管制冷机来获得 12K 以下低温环境(铑铁电阻温度计测得),然后再测量固定在冷头上的铝条电阻。制冷机冷头材料为纯铜,为防止短路,在铝条样本的外表包裹一层绝缘胶带,具体结构如图 A2-2 所示。

图 A2-2　铝条样本与制冷机冷头的固定结构图

三、测量结果

1. 室温下电阻值的测量结果(300K)

表 A2-1　铝条样本在 300K 下的电阻值

测量次数	电流(mA)	电压 1(mV)	电压 2(mV)	电阻值(mΩ)
1	10	0.013	−0.014	1.35
2	10	0.012	−0.014	1.30
3	10	0.014	−0.014	1.40
4	10	0.013	−0.014	1.35
5	10	0.014	−0.014	1.40
6	10	0.012	−0.013	1.25
7	10	0.013	−0.013	1.30
8	10	0.012	−0.013	1.25
9	10	0.014	−0.014	1.40
10	10	0.013	−0.013	1.30

2. 低温下电阻值的测量结果（12K）

表 A2-1　铝条样本在 12K 下的电阻值

测量次数	电流（mA）	电压 1（mV）	电压 2（mV）	电阻值（mΩ）
1	10	0.0015	−0.0011	0.13
2	10	0.0014	−0.0010	0.12
3	10	0.0013	−0.0010	0.12
4	10	0.0016	−0.0012	0.14
5	10	0.0015	−0.0011	0.13
6	10	0.0016	−0.0012	0.14
7	10	0.0014	−0.0010	0.12
8	10	0.0014	−0.0010	0.12
9	10	0.0014	−0.0010	0.12
10	10	0.0015	−0.0011	0.13

3. RRR 值随机误差分析

（1）铝条样本在 300K 下的电阻误差分析

300K 下测量的电阻平均值 M_{R300K} 为：

$$M_{R300K} = \frac{\sum_{i=1}^{10} R_{300K_i}}{10} = 1.33 \text{m}\Omega \tag{A2-1}$$

标准误差 σ_{R300K}：

$$\sigma_{R300K} = \sqrt{\frac{\sum_{i=1}^{10} (R_{300K_i} - M_{R300K})^2}{10-1}} = 0.06 \text{m}\Omega \tag{A2-2}$$

则测量结果 R_{300K} 为：

$$R_{300K} = M_{R300K} \pm 3\sigma_{R300K} = 1.33 \pm 0.18 \text{m}\Omega（置信度为 99.7\%） \tag{A2-3}$$

（2）铝条样本在 12K 下的电阻误差分析

12K 下测量的电阻平均值 M_{R12K} 为：

$$M_{R12K} = \frac{\sum_{i=1}^{10} R_{12K_i}}{10} = 0.13 \text{m}\Omega \tag{A2-4}$$

标准误差 σ_{R12K}：

$$\sigma_{R12K} = \sqrt{\frac{\sum_{i=1}^{10} (R_{12K_i} - M_{R12K})^2}{10-1}} = 0.01 \text{m}\Omega \tag{A2-5}$$

则测量结果 R_{12K} 为：

$$R_{12K} = M_{R12K} \pm 3\sigma_{R12K} = 0.13 \pm 0.03 \text{m}\Omega（置信度为 99.7\%） \tag{A2-6}$$

（3）RRR 值测量误差分析

由上述计算可知

$$\overline{RRR} = \frac{\rho_{300K}}{\rho_{12K}} = \frac{R_{300K}}{R_{12K}} = 10.23 \tag{A2-7}$$

且测量标准误差 σ_{RRR} 为：

$$\sigma_{RRR} = \sqrt{\sum_{i=1}^{n}\left(\frac{\partial f}{\partial x_i}\right)^2 \sigma_{x_i}^2} = \sqrt{(\frac{1}{R_{12K}})^2 \times \sigma_{R_{300K}}^2 + (-\frac{R_{300K}}{R_{12K}^2})^2 \times \sigma_{R_{12K}}^2} = 0.91 \quad \text{(A2-8)}$$

则 RRR 测量结果为：

$$RRR = \overline{RRR} \pm 3\sigma_{RRR} = 10.23 \pm 2.73（置信度为 99.7\%） \quad \text{(A2-9)}$$

参考文献

[1] 郑建耀. 低温测量. 讲义, 浙江大学低温教研室, 1991 年

[2] 严兆大主编. 热能与动力机械测试技术. 北京: 机械工业出版社, 1999 年

[3] 严钟豪, 谭祖根主编. 非电量电测技术, 第二版. 北京: 机械工业出版社, 2003 年

[4] 张子慧主编. 热工测量与自动控制. 北京: 中国建筑工业出版社, 1996 年(2005 年重印)

[5] 姜忠良, 陈秀云编著. 温度的测量与控制. 北京: 清华大学出版社, 2005 年

[6] 崔志尚主编. 温度计量与测试. 北京: 中国计量出版社, 1998 年

[7] 张迎新, 雷道振, 陈胜, 王盛军编著. 非电量电测技术基础. 北京: 北京航空航天大学出版社, 2002 年

[8] 吕崇德主编. 热工参数测量与处理(第二版). 北京: 清华大学出版社, 2001 年

[9] www.lakeshore.com

[10] Randall F. Barron, Cryogenic Systems, Second Edition, Oxford University Press, New York, Clarendon Press, Oxford, 1985: 310-355 (Chapter 6)

[11] K. Mendelssohn, The Quest for Absolute Zero, the meaning of low temperature physics. Second Edition. Taylor and Francis LTD, London, 1977 或 K. 门德尔松著, 张长贵, 孙大坤, 秦允豪译. 绝对零度的探索——低温物理趣谈. 北京: 科学普及出版社, 1987

[12] Techniques for Approximating the International Temperature Scale of 1990, First Edition, 1990
R. E. Bedford, G. Bonnier, H. Maas, F. Pavese 编著, 毛玉柱, 林鹏译. 当代测温技术——ITS-90 近似技术. 中国科学院低温技术实验中心, 1991

[13] A. J. Croft, Cryogenic Laboratory Equipment, Plenum Press, New York-London, 1970

[14] Robert P. Benedict, Fundamentals of Temperature, Pressure, and Flow Measurements, Third Edition, John Wiley and Sons, 1984

[15] L. Michalski, K. Eckersdorf, J. Kucharski, J. McGhee, Temperature Measurement, Second Edition, John Wiley and Sons. Ltd. 2001

[16] Duane Tandeske, Pressure Sensors, Selection and Application, Marcel Dekker, Inc. 1991

[17] Bela G. Liptak, Temperature Measurement, Chilton Book Company, 1993

[18] Peter R. N. Childs, Practical Temperature Measurement, Butterworth Heinemann, 2001

[19] Guy K. White, Philip J. Meeson, Experimental Techniques in Low-Temperature

Physics, Fourth Edition, Oxford Science Publications, 2002

[20] Dean C. Ripple, Temperature, its Measurement and Control in Science and Industry, Volume Seven, Proc. of the Eighth International Temperature Symposium, AIP, 2002

[21] Jack W. Ekin, Experimental Techniques for Low-Temperature Measurements, Cryostat Design, Material Properties, and Superconductor Critical-Current Testing, Oxford University Press, 2006

[22] J. G. Weisend II, Handbook of Cryogenic Engineering, Taylor and Francis, 1998, Chapter 4